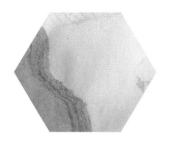

和纸技艺

冯　彤／著

知识产权出版社
全国百佳图书出版单位

图书在版编目（CIP）数据

和纸技艺/冯彤著 . —北京：知识产权出版社，2019.4
ISBN 978 – 7 – 5130 – 6177 – 3

Ⅰ. ①和… Ⅱ. ①冯… Ⅲ. ①手工纸—介绍—日本 Ⅳ. ①TS766

中国版本图书馆 CIP 数据核字（2019）第 055286 号

内容提要

和纸在日本人的日常生活中不可或缺，和纸文化可以反映日本人的传统信仰、审美情趣、风俗习惯以及国民特性。本书对和纸的艺术性、生活性以及造纸技艺做了深入的剖析，为中国造纸传承人、设计师等从事与纸相关工作的读者提供了细致的参考。期待本书为提高中国手工造纸技艺做出非凡的贡献。

本书是作者继《和纸的艺术——日本无形文化遗产》之后的又一力作，具有极高的现实意义。

责任编辑：赵　军　　　　　　　　责任校对：谷　洋

封面设计：邓媛媛　　　　　　　　责任印制：刘译文

和纸技艺

冯　彤　著

出版发行：知识产权出版社 有限责任公司	网　　址：http：//www. ipph. cn
社　　址：北京市海淀区气象路 50 号院	邮　　编：100081
责编电话：010 – 82000860 转 8127	责编邮箱：zhaojun@ cnipr. com
发行电话：010 – 82000860 转 8101/8102	发行传真：010 – 82000893/82005070/82000270
印　　刷：北京嘉恒彩色印刷有限责任公司	经　　销：各大网上书店、新华书店及相关专业书店
开　　本：787mm×1000mm　1/16	印　　张：12
版　　次：2019 年 4 月第 1 版	印　　次：2019 年 4 月第 1 次印刷
字　　数：148 千字	定　　价：88. 00 元

ISBN 978 -7 -5130 -6177 -3

本人主持"中国手工纸文库"多年从事田野调查，在"丝路纸道——西南地区田野考察行"活动中与冯彤博士同时被邀请为顾问而相识，并承蒙她赠送研究著述《和纸的艺术——日本无形文化遗产》，读后颇多感触。这是中国大陆第一本从鉴评角度系统研究介绍和纸的书，是基于其博士论文的成果，可借鉴价值颇高，因而发行后不久就绝版了。本人获得的这一本还是作者原承诺给活动组织人而商议承让后使本人有缘先睹为快的。

2016年，与冯彤博士一起参加中国手工造纸人赴日本的和纸考察团，在细品日本造纸技艺与应用艺术的行程中，有一天她深有感触地向同行表示：她要修订《和纸的艺术——日本无形文化遗产》或重写一本书，因为日本丰富到令人吃惊的和纸加工技艺和生活中琳琅满目的艺术化应用，"太值得介绍给国内的造纸和文创同仁了"。

2018年10月，中国科技大学手工纸研究所与台湾树火纸博物馆以及来自日本的相关单位联合在北京举办"修复装裱用纸研究发表会"，冯彤博士来参会期间，提出她的新书《和纸技艺》已经完稿，能否作为研究同行写一个序来助兴。盛情邀请之下，虽然自己对和纸之艺属于皮毛之识，但对她的践行感怀良多，于是承诺下来开始拜读书稿。

《和纸技艺》有很让人入心的目录，如"和纸地图""和纸与生活""和纸加工工艺""和纸艺术创作"，等等。

作者首先从她早期和纸访学之旅（约在 2006 年）中特别要感谢指引入道的两位日本老师谈起，充满温情地回忆起前往岛根县的人类非物质文化遗产代表作——石州半纸技艺区与石州半纸会馆、日本的造纸大人物人间国宝安部荣四郎家乡——相当偏僻的八云村的安部纪念馆等和纸问道的地理人情往事。温婉笔触娓娓道来，文趣洋溢，颇似大戏的暖场前奏。

其后，冯彤博士曾经希望介绍给国内同仁的正场开场。

和纸地图。从北海道到冲绳全日本 14 大产区分区论纸，说产地、材料、名称、用途与古纸故事。早起 774 年正仓院古文书《图书寮解》、平安时代（794—1192 年）法律文书《延喜式》记载的多个产区千余年前贡纸信息，晚至当代各地区和纸在造纸人努力下形成的无形文化财体系，言简意赅，知识点清晰而读来有逸趣。

和纸保护。日本的无形文化财保护体系约略相当于我们熟悉的非物质文化遗产保护体系，但日本仿佛是全世界最早开始这一事业而且成绩斐然的国家，可供借鉴学习处自然不少。书稿中重点介绍了保护认定中"个别认定""综合认定""团体认定"的因地因项目类型实施的制度操作经验，绘制了"日本著名的和纸传承人指定和选定时间表"，刻画了认定与选定中多样性的技艺

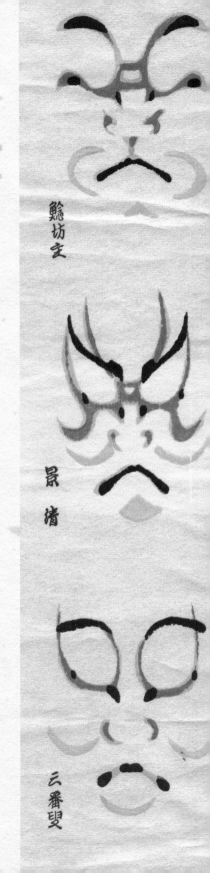

鲶访文

景清

云番叟

名称及保护内涵，颇具启发。

和纸与四季生活。这是非常别致的日本百姓的纸上人生图画：春夏秋冬，出生寂灭；节庆相遇，祭拜又逢；禅茶墨迹，店家包装……樱花盛开时女儿节的玩偶，死亡超度日和纸捻成的水引；女孩成人时钻过的纸糊"七娘妈亭"，新娘出嫁日神社里的白纸无垢衣装……和纸故事讲得引人入神，遐思万千。

和纸的加工。一张原纸当然可以有丰富的用途，然而在纯素原纸上的加工更有无尽空间。日本是加工纸技艺非常发达的国家，而且其当代有两大长处是中国有些不足的，一是加工技艺的传统一直活态传承着没有中断，二是多数工艺过程在业态里是公开的。冯彤博士书中的这一部分偏重加工方法与天然材料的知识介绍，颇丰富，如仅仅是单色的染色技艺，就刻画了日本人对四季草木花叶的敏感体悟，归纳了和式五行—五方—五色理论与五色奉书纸所用植物原料对应关系，介绍了红花染、石竹染、苏木染、鸨羽色、芒草色、紫草色等一系列呈色非常微妙而难度高的材料与工艺。至于其他加工工艺与创意手法，也是多姿多彩的，令人抚卷难停。

《和纸技艺》叙述简明清晰，知识点选择用心，和纸轶事讲得津津有味，可读性很强；加上目前用中文介绍和纸加工"技"与"艺"的书几乎空白，因此对当代中国的造纸同仁与借纸生彩的人确实很有用。

中国科学技术大学手工纸研究所所长　汤书昆
2018 年 12 月于合肥

目 录

5　和纸

25　和纸地图

39　日本对和纸的保护

49　和纸与生活

67　和纸加工工艺

141　和纸艺术创作

167　后记

173　图索引

著名文学家金克木曾在《关于〈菊与刀〉》一文中指出，"中国这个题目，日本人不知放在解剖台上，解剖了几千百次……而中国人研究日本却粗疏空泛"。本书试图把日本这个题目放在解剖台上，把和纸剖析得更加透彻、明了。

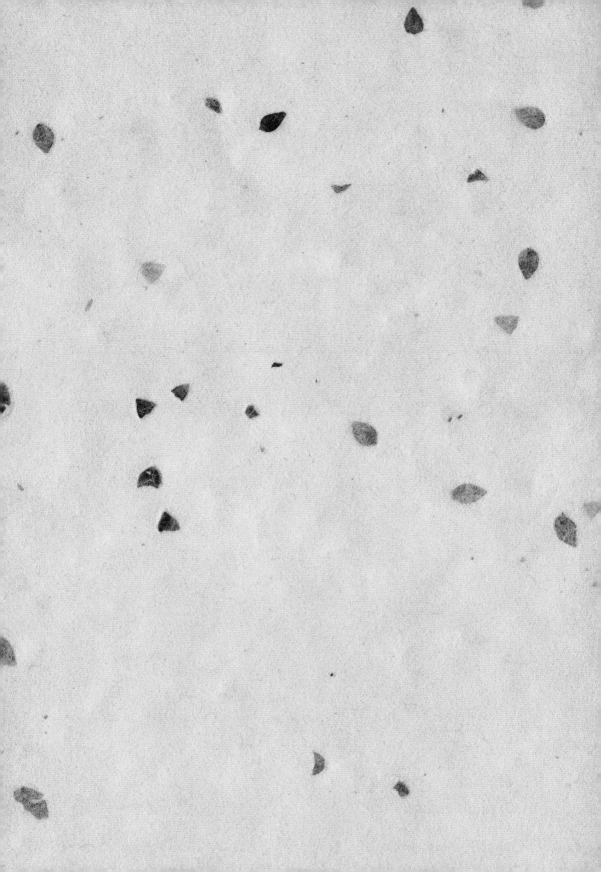

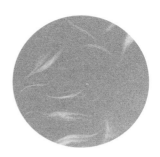

和
纸

6

说起笔者与和纸的结缘首先要感谢两个人，一位是接收笔者做文化交流的原岛根县立大学教授大桥敏博老师，另一位是岛根县立大学市民研究员中政信先生。语速沉稳、温文尔雅的大桥老师欣然接纳了笔者，使笔者如期去日本做了访问学者。而中先生退休前则是职场的工薪阶层，退休后回到老家岛根县，从事自己的爱好——和纸研究。冥冥中，这一切仿佛都是最好的安排。

图1 结缘
大桥敏博老师（右）与中政信先生（左），2006年他们与笔者一同拜访石州半纸手工匠人久保田彰。

　　在中先生的引荐下，2006 年冬天，笔者第一次拜访了石州半纸技术者会成员——手工匠人久保田彰，其父久保田保曾为石州半纸技术者会会长。本来我们计划要采访老会长，很不幸，老会长已于几周前仙逝。这不是笔者第一次接触石州半纸技术者会成员，2006 年 10 月，老会长在石正美术馆举办讲座时，笔者曾专程去聆听。当时，在美术馆还举办了小型的和纸产品展览，记得当时和纸会馆还没有建成。2009 年，石州半纸被评为世界级非物质文化遗产，之后，在各方的支持下才建起既可展示和纸产品又可接纳游客进行文化体验的场馆——石州和纸会馆。

　　石州半纸产自日本海一侧的岛根县，而和纸会馆则坐落于三隅的丘陵间，三隅河穿城而过，不远处的石正美术馆见证了会馆的诞生。石州半纸的抄制时间较早，日本最早的有关和纸的书籍《纸漉重宝记》为国东治兵卫所著，书中详细绘制了这一带抄制楮皮纸的流程。

　　笔者所在的岛根县立大学坐落于一个小港口浜田的山丘上，从浜田坐列车到三隅下车，沿着乡间小路走半个多小时就到美术馆了。记得第一次去听老会长的讲座，因事先了解不充分，本想下了列车打个车就到了，没承想乡下根本没有往来的出租车，等了许久，好不容易见有一人从列车车站出来，就走过去打听，幸运的是那人也是去美术馆的，愿意带笔者一起前往。开心地坐上车，十多分钟就到目的地了。所幸因为这位好心人，讲座开始前笔者进入了会场。临下车时笔者连连表示感谢，并支付了一半的打的费用，那个好心人并没有推辞，接受了笔者的谢意。笔者听完讲座又拍了很多照片，心满意足地沿着淙淙的溪流走回了车站。

　　时隔 5 年之后的再访是中先生开车全程陪同。此时，石州和纸会馆已经建成，不仅有洁净的和纸专卖店，还有敞亮的体验场所。游客可以在此亲手抄纸，做一张印有温暖印记的手工纸，或留给几十年后的自己，或送给心爱之人。

8

图 2　石州和纸会馆内景

石州和纸会馆
〒 699-3225　岛根県浜田市三隅町古市場 589
TEL FAX:0855-32-4170
URL:http://www.sekisyu.jp
E-mail:washikaikan@sekisyu.jp

在跟中先生少有的几次交往中学到了很多东西，他不经意地问笔者"xx去过了吗？""这些书读了吗？"而笔者则在这样的指引下，一步步地开启了和纸之旅。一晃，十多年过去了，中先生不知是否还健在？应该尽快去看一看他才是。

安部荣四郎纪念馆位于岛根县北部的一个僻静的山村——八束郡八云村，河流绕村蜿蜒而行。从浜田坐山阴本线列车朝三隅相反的方向出发，大约两个小时到了松江站，从这里也可以去著名的出云大社。在松江站再坐大巴到一个叫八云车库的小站。从这个小站到目的地还有一段距离，笔者去的那天是周末，等了很久没见大巴或出租的踪影，四周也没有人。四处找寻，看到墙上有一个告示：周末大巴停运，有需要者请联系出租车。还真的很贴心，否则只好傻傻地等下去。联系出租车后，终于来到了心心念念的地方——安部荣四郎纪念馆。

安部荣四郎纪念馆
島根県八束郡八雲村東岩坂 1754
TEL:0852-54-1745
E-mail:eishiro@web-sanin.co.jp

图3　安部荣四郎纪念馆内景

　　著名的越前和纸产于福井县今立郡，是著名的鸟子纸、奉书纸的主要产地。这里既有冈太神社，还有纸文化博物馆、卯立工艺馆，是国内外游客观光的好去处。冈太神社供奉着纸祖神像，每年的 5 月 3 日，村里都举行盛大的拜祭仪式，把神社里的神像请出来，沿村巡视一圈，祈愿纸祖神永远保佑这里的纸业兴旺发达。

图 4　在冈太神社前玩耍的孩子

从广岛坐新干线至新大阪再转北去的列车至武生下，再坐半个多小时的大巴就可到达目的地了。这里有一条整洁的街道，街道旁有和纸专卖店、各种工序的展示房，还有纸文化博物馆。只可惜当时博物馆正在布展，不对外展示。和煦的阳光透过参天大树照在山间小路上，寻着孩子们的笑声，笔者来到了冈太神社，静谧、平和的幸福荡漾其间。

在参观完几个手工作坊后，笔者来到和纸专卖店，店员是一个和蔼的女青年，她一边将笔者买的《季刊和纸》杂志打包装，一边给笔者讲这里的传说。传说有一天一个后人尊称为川上的女神来到这里，教授大家如何抄纸。女神把抄纸的技能传授给了这里的人们，并把文明之光与希望撒给了这一方土地，从此，人们便过上了勤劳而又幸福的生活。

每当看到书架中的杂志，那个漂亮女人的笑容便浮现在眼前。希望她还在享受造纸术的恩泽，自豪地讲解那个美丽的传说。

图5　福井县今立郡今立町的和纸之乡大道

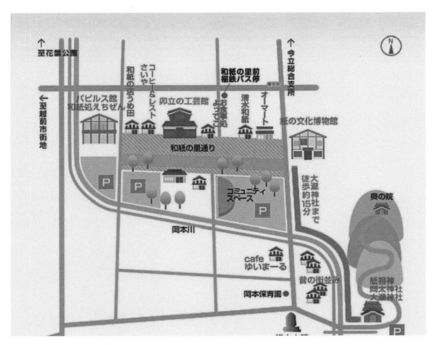

图6　越前和纸之乡地图

越前和纸之乡

〒915-0232　福井県越前市新在家町8-44　パピルス館内

tel:0778-42-1363　fax:0778-42-2425

图 7　笔者拜访西田诚吉并于手工作坊前留念
　　　手中的纸既有他本人亲手抄制的也有他儿子抄制的，他的儿子已经跟他学习抄纸十多年。

西田和纸工房
〒699-3225　島根県浜田市三隅町古市場1694
TEL：0855-32-1141　FAX:0855-32-3463
E-mail: niswasi@pub.herecall.jp

图 8　笔者在西田诚吉的指导下于石州和纸会馆体验抄纸
　　　笔者亲手抄制的这张纸至今还挂在书房之中。

石州和纸 久保田（久保田彰）

〒 699-3225　島根県浜田市三隅町古市場 957-4

TEL：0855-32-0353　FAX:0855-32-2473

E-mail:kubota@ sekisyu.jp

图 9　石见地区的神乐面具

图 10　石见神乐面具坊

2011 年与中老先生一起去做岛根县民俗——神乐所需要的
神乐面具田野调查。神乐面具使用当地的和纸制作而成，色
彩艳丽，神态逼真。当地的神乐表演延续至今，面具早已成
为民俗中不可或缺的一部分。

柿田勝郎面工房

〒697-0062　島根県浜田市熱海町 636-60

TEL　FAX:0855-27-1731

URL:http://kakita.ai-fit.com

图 11　京都鸠居堂

京都鸠居堂位于京都寺町，本能寺对面，是一家卖笔墨纸以及和风文具的专卖店。
买完伴手礼还可以顺便参观本能寺，著名的"本能寺之变"就发生在这里。事变
发生在日本天正十年（1582 年）6 月 2 日，织田信长的得力部下明智光秀在本
能寺起兵谋反，即将使战国乱世局面结束的织田信长殒命，日本历史由此而被改写。

图 12　笔者与折纸会
馆馆长小林一
夫交谈

对折纸感兴趣
的小伙伴可以
去参观，这里
有很多用和纸
折出的日本民
俗小场景，生
动、逼真、可爱。

图 13　用折纸方法制作的七夕场景

折纸会馆（馆长：小林一夫）

〒 113-0034　東京都文京区湯島 1 丁目 7 番 14 号

TEL:03-3811-4025　FAX:03-3815-3348

URL:http://www.origamikaikan.co.jp

E-mail:kobayashi@origamikaikan.co.jp

图 14　美浓和纸之乡会馆
可在馆内体验手工造纸。

美浓手漉和纸协同组合
〒 501-3788　岐阜県美濃市蕨生 1851-3 美濃和紙の里会館内
TEL:0575-37-4711　FAX:0575-37-4712

图 15　小津商店内部摆设

小津商店（店长：小西良明）

〒103-0023　東京都中央区日本橋本町３－６－２小津本館ビル

TEL:03-3662-1184　FAX:03-3663-9460

URL:http://www.ozuwashi.net

E-mail:konishi@ozuwashi.net

图 16　摘草／蹄斋北马画
自幼显露绘画才能，因画插画而名声大振。其
画具有北斋之风。

图 17　千代纸

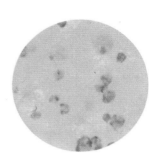

和纸地图

图 18　**樱花摆件**

日本北至北海道南至冲绳，各地都有造纸作坊，并抄制具有地方特色的手工纸。

图 19　**以灯具显示和纸产地**
从照片中可以窥见和纸
产地遍布日本全国。

北海道富贵纸

北海道的和纸制作并不被众人所知，往往被人忽略。现在仅有幌加内町和音别町两个地区在制造手工和纸。音别町山上有一种野生的山野菜，名为"fuki"，此山野菜富含纤维，为振兴地区经济，当地特别研制出用这种山野菜皮制造和纸的方法，为提高地域知名度，取名为"富贵纸"（因"富贵"与"fuki"音同）。

茨城县西野内纸

此地古时称为常陆，常陆和纸历史比较悠久。古时用它抄经，此后，西野内纸成为支撑水户藩的重要经济来源。第二次世界大战期间，西野内纸被内务省指定为制造热气球用纸，和纸生产达到了另一个高度。

西野内纸使用楮皮为原料，不掺杂雁皮和三桠，呈黄褐色，既防虫又结实，江户时代商家都用西野内纸做"大福帐"，即账本，这种"大福帐"结实，不怕水，如遇火灾，可把它直接扔到井里，日后捞出无碍使用。

富山县越中和纸

774 年的正仓院文书《图书寮解》中曾记载越中国进纸 400 张，可见，此地造纸很有历史。越中和纸包括八尾和纸、五个山和纸、蛭谷纸，1988 年被国家指定为国家级传统工艺品。

岐阜县美浓和纸

现存的美浓最早用纸是户籍用纸，美浓、丰前、筑前户籍现保存在正仓院，这是标有纪年的最古老的纸。美浓纸质地精良，江户时代生产量大增，享誉全国。

图 20 **美浓和纸**

福井县越前和纸

平安时代越前和纸作为成年男子作物实行纳贡，中世时，此地成为奉书纸和鸟子纸的著名产地，奉书纸在江户时代成为公文专用纸。《雍州府志》[①]称赞"越前鸟子纸为纸中之最"。《经济要录》[②]中也评价"越前国五村生产的纸为日本第一"。

奈良县吉野和纸

相传大海人皇子（后来的天武天皇）在国栖乡里教授人们如何造纸和养蚕，这是此地造纸的开端。这里自古就以"国栖纸"著称，江户时代经宇陀町商人介绍到全国各地，所以，这里的纸又叫"宇陀纸"，是重要的装潢用纸。

吉野地区被指定为文化财的和纸有三种：宇陀纸、美栖纸、吉野纸，三者皆为构皮纸。奈良县吉野郡吉野町的国栖处于深山之中，附近的山上长满了构树，村前流淌着清澈的吉野川，具备了造纸的最佳条件。产出的吉野纸最早出现在 14 世纪末的《铃鹿家记》中，但据说这里开始造纸时间更早。

---

① 黑川道祐．宗政五十緒校訂．雍州府志——近世京都案内．东京：岩波书店，2003.
② 佐藤信渊．宫崎柳条校訂．东京：玉山堂，1928.

兵库县名盐和纸

名盐和纸于江户时期作为纸币用纸而繁盛一时。名盐和纸掺有泥土，易于着色，而且具有不变色、不怕虫、不怕干湿的特点。

杉原纸

杉原纸的前身为"播磨纸"，在奈良时代曾被誉为日本第一。从平安时代到室町时代，杉原纸一直受上流社会推崇，这种纸在社交礼仪中作为上品进行礼物交换。奈良时代曾用作写经，镰仓时代用作幕府公文用纸。

杉原纸最大的特点是使用 100% 的楮皮原料并使用纯手工制作，深受消费者喜爱。

鸟取县因州和纸

据正仓院文书《图书寮解》记载，早在天平时代因幡国就已经开始造纸。江户时代，由于受到鸟取藩的大力庇护，纸业大有发展。因州和纸多为书画用纸，质地优良，1975 年，在日本最先评为传统工艺品。

岛根县石州和纸

　　岛根西部地区古称石见，石见这一名称最早在平安时代的《延喜式》中出现，规定 42 个小国有义务造纸纳税，纸 40 张作为成年男子纳贡作物进行征收，而石见为其中一个小国。1798 年一本重要的关于和纸的书籍问世，即国东治兵卫的专著《纸漉重宝记》，书中记载柿本人麻吕在石见国作守护时把造纸的方法传授给了当地百姓。石州半纸技术者会抄制的石州半纸于 1969 年被国家指定为国家级重要无形文化财，以石州半纸为代表的石州和纸于 1989 年被国家指定为传统工艺品，2009 年被评为世界级非物质文化遗产。

21 | 22
   | 23

图 21、图 22、图 23　**石州和纸／久保田彰抄制**

出云民艺纸

日本最早的神社建在出云之国，从地理位置来看，岛根县离中国大陆及朝鲜半岛很近，出云位于该县的北端。正仓院文书《写经勘纸解》中也曾记载出云纸，时间可追溯到天平时代。已故的安部荣四郎与民艺活动家柳宗悦、版画家栋方志功等人相识，并深受他们的影响，坚持不懈地致力于传统文化的振兴。他的努力终于在 1968 年得到认可，被国家指定为重要无形文化财雁皮纸技术保持者，即人们口中的"人间国宝"。

高知县土佐和纸

平安时代的《延喜式》文献中已有土佐纸的记载。1985 年，土佐和纸传统产业会馆开业。1995 年，高知县立纸产业技术中心成立，土佐和纸工艺村建成，这些都推动了和纸事业的进一步发展。土佐和纸以优质的原料、精湛的用具制作以及高超的造纸技术迎来了各方的好评。1973 年，土佐典具帖纸被国家指定为无形文化财；1976 年，土佐和纸被国家指定为国家级传统工艺品。

福冈县八女和纸

据说日莲宗日源上人是该纸创始人。1996 年，八女手漉和纸资料馆建成，积极为和纸技术的传承贡献力量。主要生产版画用纸、装裱用纸、灯笼纸等。1972 年被指定为县级工艺技术无形文化财。

冲绳县琉球纸

因为这里盛产芭蕉，人们利用这里丰富的原材料，开发并制造出琉球独特的纸——芭蕉纸。这一独特的造纸技术在明治时期曾经无人问津，后来，在安部荣四郎及其弟子胜公彦的努力下复活了。

除上述和纸外，美栖纸（奈良县）、程村纸（栃木县）、清帐纸（高知县）、泉货纸（爱媛县）、本美浓纸（岐阜县）、细川纸（埼玉县）等都是榜上有名的和纸。[①]

① 此段内容引自本人的《和纸的艺术——日本无形文化遗产》，略有删减、修改。

图 24　湖中小舟／安藤广重画

图 25 须磨 / 安藤广重画

图 26 **鸳鸯 / 宫崎友禅画**
宫崎友禅是江户时代活跃于京都的扇绘师，作品色彩艳丽、洗练，开创
先河。后把绘扇工艺用于染织，友禅染则成为和服、和纸图案的重要组
成部分。

图 27　雪中美人 / 铃木春信画

铃木笔触精细，画中美人个个风姿绰约。受中国明末清初"拱花"印法
的影响，在拓印时往往压出一种浮雕式的印痕，自成风格，称为"春信式"。
为"锦绘"多色木版画的发展做出了贡献。

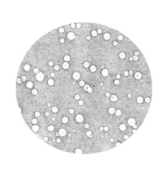

日本对和纸的保护

日本的无形文化遗产

日本称非物质文化遗产为无形文化遗产，包括以下内容。

表1　日本的无形文化遗产

（1）无形文化财	①艺能：雅乐、能乐、文乐、歌舞伎、组舞、音乐、舞蹈、演艺、人形净琉璃
	②手工艺：陶艺、染织、漆器、金器、竹木、玩偶、象牙雕刻、手工造纸、截金
（2）无形民俗文化财	①风俗习惯
	②民俗音乐舞蹈
	③民俗技术
（3）选定保存技术	

日本的保护制度

日本的文化传承人不仅可以是个人也可以是群体。

在无形文化财领域，对"高度体现舞台艺术、高度习得工艺技术"的个人或群体进行认定，认定措施有三种："个别认定"（个人认定，对体现高超的表演艺术或拥有高超工艺技艺的个人给予认定）、"综合认定"及"团体认定"，在表演艺术领域实行"个人认定"和"综合认定"，在工艺技术领域实行"个人认定"和"团体认定"。

在无形民俗文化财领域，实行"团体认定"。

早在1968年，日本就认定雁皮纸的安部荣四郎（岛根县）、越前奉书纸的第八代岩野市兵卫（福井县）为国家重要无形文化财持有者，对和纸工艺进行大力保护。石州半纸于1989年被通商产业省指定为"传统工艺品"并于1990年举办的"全国传统工艺品展"中进行产品展出。1990年，传统工艺师认定工作在全国范围内展开，久保田保一等人被评为传统工艺师。

日本的认定制度要求每个被认定的保持者和保持团体都要对本工艺进行影像资料的制作、保存与公开展示。而国家和地区也给他们创造公开展示的机会，并积极促进他们与国外同行进行交流。

日本经历了20世纪60年代末的经济高速增长，人们的价值观发生了很大的变化，开始享受物质生活给人们带来的便利。但是，70年代中后期，人们对这种生活方式进行了反思，精神生活的富足渐渐被人们所关注，这时，整个社会从追求经济价值转而寻求文化价值。人们通过挖掘故乡资源，挖掘那些具有乡土气息并独具魅力的各种民俗活动、各种传统事项，寻找属于自己的"根"。

为了加强对民俗艺能的保护，政府出台了《节庆活动振兴法》，而为了加强对传统工艺的保护，则出台了《传统工艺品产业振兴法》。这些政策为发展旅游业、振兴地区经济、建设舒适的国民生活创造了条件。各地区利用当地特有的文化资源进行具有特色的地域建设。和纸之乡也都纷纷建立和纸会馆、和纸博物馆，加强与旅游及教育的结合，开展抄纸实演展示以及游客体验活动，并大力展开各种宣传，如地域特色文化宣传及品牌宣传。民俗节庆与传统工艺合力进行推广，提高了本地区的文化自豪感，拉动了传统产业的发展。

　　事实上，要开拓手工纸的新需求，需挖掘与民俗生活有关的传统事项，民俗活动的兴起不仅给某一地区带来活力，也可盘活一些传统产业，带动手工纸的进一步发展。

表 2　日本著名的和纸传承人指定和选定时间 [①]

年份	内容
1968	雁皮纸的安部荣四郎（岛根县）、越前奉书纸的第八代岩野市兵卫（福井县）被认定为国家重要无形文化财持有者
1969	本美浓纸保存会（岐阜县）、石州半纸技术者会（岛根县）被认定为国家重要无形文化财持有者
1973	土佐典具帖纸保存会（高知县）、小国纸保存会（新潟县）被选定为需记录登记的无形文化财持有者 《手漉和纸大鉴》发行，该书囊括了当时全国各地的手工纸
1975	土佐手漉用具制作技术保存会被选定为需记录登记的无形文化财持有者

① 冯彤．和纸的艺术——日本无形文化遗产．北京：中国社会科学出版社，2009：39.

续表

年份	内容
1976	宇陀纸的福西虎一、全国手漉和纸用具制作技术保存会被选定为文化财保存技术持有者
1977	美栖纸的上窪正一（奈良县）被选定为文化财保存技术持有者 西野内纸的菊池五助及菊池一男（茨城县）、小野濑角次（茨城县）、程村纸的福田长太朗（栃木县）、清帐纸的片冈藤义（高知县）被选定为需记录登记的无形文化财持有者
1978	细川纸技术者协会（埼玉县）被综合指定为重要无形文化财持有者 宇陀纸的福西弘行（奈良县）、吉野纸的昆布一夫（奈良县）被选定为文化财保存技术持有者
1980	泉货纸的菊池定重（爱媛县）被选定为需记录登记的无形文化财持有者
2000	越前奉书纸的第九代岩野市兵卫（福井县）被认定为国家重要无形文化财持有者
2001	土佐典具帖纸的浜田幸雄（高知县）被认定为国家重要无形文化财持有者
2002	名盐雁皮纸的谷野刚惟（兵库县）被认定为国家重要无形文化财持有者

图 28　**工匠／土佐光起画**
制扇场景。原为共 24 幅六曲一双的屏风，是研究当时民俗与印刷技术的重要资料。

图 29 工匠 / 土佐光起画
制伞场景。

图30　工匠／土佐光起画
加工布料场景。

图 31　工匠／土佐光起画
制弓场景。

和纸与生活

　　日本的纸质艺术品光芒四溢，而且照进日常生活的艺术品也为数不少。日本人一生从出生到死亡，一年从春夏到秋冬，都会与纸邂逅很多次。

与民俗信仰相遇

　　出生后婴孩需由父母及亲人抱着来到属于自己村落及社区的神社，祈求神灵的接纳和保护。神社往往都悬挂着用白纸剪成的神符，婴孩由家人抱着围绕神社转一圈，算与神有了初次相识。

　　新娘盛装出嫁那天，如果采用在神社神前办理仪式，那么，新娘的礼服名为白无垢，则是由手工白纸制作而成。白无垢一方面象征新娘的纯洁无瑕，一方面也象征神的庇佑。

图 32　使用缩缅纸制作的新娘玩偶

日本人的宗教信仰普遍并不排他，一生中可与不同的宗教相遇。结婚时可选择神社也可选择教堂，但是一个人在离开这个世界时的死亡仪式，则一定与佛教有关，由寺庙的和尚念经超度。纸花、装香钱的信封则必不可少，信封上往往用称为"水引"的纸绳进行装饰（图33、图34）。

图33　吉祥水引

图34　白事使用的水引
　　　葬礼送香钱使用的信封，
　　　用和纸捻成的水引多使
　　　用银色、白色、黑色。

与民俗节庆相遇

日本人喜欢自然、亲近自然，在与大自然的相处中更学会了应时应景地展现对大自然的这份喜爱。日本人重视仪式，把与一年四季息息相关的民俗节庆称为"非日常"的生活，他们很认真地准备民俗活动，热情地参与其中，把节庆活动搞得红红火火，让每一个人都能记起节庆的欢乐。仿佛在平凡的日常生活里，就靠这些节日挑起气氛，汲取生活的动力。不仅如此，日本人还把民俗节庆的元素带回家里，用身心体会自然、体会四季的变化。

3月3日是女儿节，要穿和服照相留念。这时马上要迎来樱花盛开的季节，所以，粉嫩颜色充斥整个春季，樱花纹样的粉色包装随处可见，很多家里也摆放应时的纸质玩偶。这些看似不经意的举动，可以在下一代大脑中根植传统文化的种子，而种子必会发芽、结果，延续传承。

中国的端午节是阴历五月初五，必有赛龙舟、包粽子等民俗活动。这一民俗，相传是为了纪念为国忧伤投江自尽的屈原而流传至今的。这一天不仅要赛龙舟、吃粽子，还有挂蒲艾、用艾草煮水洗脸的习俗。春天万物苏醒，蚊虫复苏，艾草有除厄辟邪的作用，可以此祈求一年免除蚊虫叮咬、五毒（蛇、蝎、蜈蚣、壁虎、蟾蜍）不侵。端午节传到日本则演变成男孩节，阳历5月5日这一天，家里有男孩的需升起鲤鱼旗，祈福男孩将来能有出息，可实现鲤鱼跳龙门的梦想。鲤鱼旗可用白纸做好后上色绘图，也可选用颜色不同的色纸。但是，纸质材料毕竟不结实耐用，现在多采用纺织面料。但仍有一些纸质玩具展现这一民俗事项。笔

图 35　女儿节的玩偶摆设

图 36　**鲤鱼旗**

者 2017 年春季去日本仓敷小镇游玩，店铺沿着一条河流林立两岸，其中一个店铺专卖小孩玩的纸质玩具，有各种动物，也有各种面具。笔者发现了一个鲤鱼旗玩具，便毫不犹豫地出手买下。玩具很轻，猜想应该是先在模子上糊纸，再切口把模子拿出，再糊纸，再绘画，做法应与需要点睛的达摩玩具一样。

图 37　**纸质鲤鱼旗玩具**

夏

　七夕节，发源于我国，相传是牛郎织女一年一度相会的日子，亦称作中国的情人节。又称乞巧节，祈求女孩手巧会做针线活。中国台湾的台南视织女为"七娘妈"，女孩 16 岁要钻"七娘妈亭"，就是钻过纸糊的"七娘妈亭"后把纸烧掉，以这种通过仪式宣告女孩的成年。日本的七夕是阳历 7 月 7 日，仙台过七夕往往在 8 月初，正值夏季。日本的七夕内容更加丰富，既有牛郎织女的影子，也有女孩祈求女红的愿望，还有祈求学业、长寿、渔业丰收的元素，仿佛一切美好愿望在这一天都可祈求获得。

图 38　**日本七夕的纸质符号**
纸衣（象征女红，祈求心灵手巧）、
纸笼（象征勤俭持家）、纸册（象征
学业，祈求学有所成）、投网（象征
渔网，祈求渔业丰收）。

图 39　**七夕的商店街景象**

　　盂兰盆节是传统的祭祀活动，每年的七八月，日本各地先后进入夏季民俗活动。和式浴衣和随身的扇子是必不可少的夏日元素，衬托出少女少妇的婀娜身姿。年轻人穿着清凉的和式浴衣，来到活动的集合地点，跟着大鼓与笛子的节奏跳起盂兰盆舞。笔者 1992 年去日本留学时，去中学同学留学的北海道游玩，恰逢盂兰盆节，遂跟同学去日本友人家里，换上日式浴衣，挽起头发，一起去广场跳舞、体验民俗。日本友人是一对 30 岁左右的年轻人，他们也换上和式浴衣情侣装，兴高采烈地跟着大队伍欢笑、舞蹈，挥洒热情。他们说，每年都参加这样的节庆活动，为此还特意准备了好几套和式浴衣。

图 40　**京都纸扇**

中秋之夜，人们总是想到在玉宫勤劳、寂寞工作的小白兔，白团子是
遥祭白兔的佳品，当然还少不了月下芒草。

小白兔的折纸方法有很多种，下面是一种可放置筷子的小兔子折纸方
法以及使用效果。

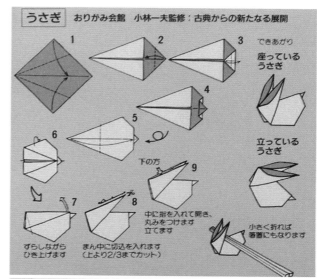

图41　**小白兔的折**
　　　纸方法

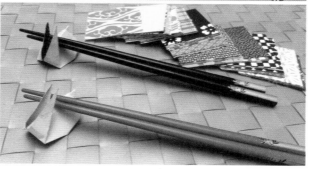

图42　**小白兔折纸**
　　　的实际应用

60

冬

　元月初日是日本最重要的节日之一，往往阖家团聚共同迎接新一年的到来。在这一年的最后一天，日本人也要吃大餐，喝屠苏，吃杂煮。新年第一天要去神社祈福，名曰"初詣"，人们穿着靓丽的和服互道新年祝福。日本也有在新年到来之前进行大扫除的习俗，室内当然也要装饰一新。门前立松或挂松，祈盼神灵对家人的庇佑。

图 43　**新年折纸摆设**

图44　新年折纸装饰

与包装文化相遇

日本的包装文化大抵也是与纸的神圣、庄严、郑重有关。纸本身最开始就是馈赠的佳品，时至今日，纸亦演变成馈赠时必不可少的包装用品。现在的包装纸大多是机制纸，每个企业都有自己的独门技艺，有的包装纸内层与塑料结合已达防水功效。

日本包装纸图案丰富，有的仿制友禅图案，有的印有节庆元素，有的紧跟四季的变化，令人感觉传统与现代浑然一体，大自然无时不在。

图 45　和纸商店一角

图 46　和纸包装实例

与茶文化相遇

日本的茶室由榻榻米铺设而成，较为显眼的茶室道具就是佛龛中的挂轴。挂轴用于茶室概始于室町时代，古时，挂轴以中国传入的佛画、禅语等墨迹为佳，多用唐纸（中国手工纸），由中国名僧挥毫写就，而写有和歌、连歌的怀纸次之。怀纸在古时多为檀纸、鸟子、奉书等白纸，后来又使用飞云、打云等带有图案的纸。文人雅士聚在一起往往激情四射，从怀里拿出怀纸即可吟诗挥毫。后来，有人把古人抄写的和歌集卷轴切下来做成挂轴用以欣赏。

除墨迹、怀纸以外，茶人之间的笔墨雅趣也装裱成挂轴，为茶室增色不少。

另外，茶室中的福斯玛门及障子门都缺少不了和纸，最初使用素雅的白纸，后来，金泥、墨流等和纸也被用于茶室。用纸捻编成又施以柿漆的茶笼、茶袋等小物件都可起画龙点睛之用，备受茶人喜爱。

图47　**和纸包装实例**

越前伝統の技 墨流し

图49　墨流信封

图50　墨流扇面

图48　纸布
　　　把纸裁成细条捻成线，经纬都用纸线进行编制，也可经线使用绢或棉，使用绢的
　　　称为绢纸布，使用棉的称为棉纸布。

图 51　使用金唐革纸制作的笔筒　　　　　　　　　　　　　　　　图 52　一闲张纸盘

和纸加工工艺

　　和纸分为原纸和加工纸，加工纸分为前端加工和后端加工。前端加工就是上墙烘干之前的加工，包括染色、添加纤维、黑透白透（水印）等；后端加工是成纸之后的加工，包括染纸、揉纸、柿漆纸、油纸、纹样纸、建筑用纸等。

　　和纸有时可以仅凭 1 个纸槽就可完成，有时却需要 2 个或 3 个纸槽。

　　一般来说，原纸或色纸只需一个纸槽就可抄制，但更多的加工纸则需要 2 至 3 个纸槽。

　　2 个纸槽，各抄 1 张，合而为一，如有字的纸。如图 53 所见，同样是白字红纸，但抄制方法不同。前者是先抄制一张白纸作地纸，再把镂刻的字体放在纱帘上、在红色纸料的纸槽中抄制一张红纸，然后把字体型纸拿开并把红色湿纸盖在地纸上；后者是先抄制一张红纸作地纸，再把镂刻字体的整张型纸放在纱帘上、在白色纸料的纸槽中抄制一张白纸，然后把整张型纸拿开并把白色湿纸盖在地纸上。

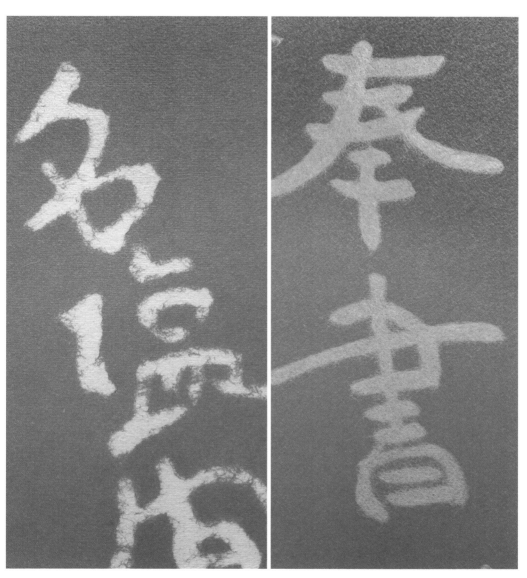

图 53　两种不同的抄制方法及效果

使用 3 个纸槽抄纸，如图 54 的青海波纹样纸。先在 1 个纸槽中抄制一张地纸；再在第 2 个纸槽中撒入银箔与树皮料纸搅拌好，抄制一张撒有银箔的纸盖在第一张地纸上；在第 3 个纸槽抄制带有模具的半圆形（日本称这种纹样为青海波），然后把 3 个纸槽抄制的纸合在一张纸上。

图 54　青海波图案和纸
　　　此效果需要 3 个纸槽。

下面详细给大家介绍一些和纸的加工方法。

（一）染色（可以在前端进行加工，也可以在后端进行加工）

日本四季分明，日本人对季节、对大自然极其亲近与敏感，他们对大自然赐予人类的花花草草无比珍爱，并且在大自然的惠赠中练就了对颜色的独特审美。和纸的草木染不同于化学颜料的染色，柔和、纯净，当你第一眼看到的时候，就不由得想要走近它、亲近它。当初笔者在中国国家图书馆看到介绍和纸的原版书时的激动，至今难以忘怀。书中带着柔美之光的和纸莫名地、深深地吸引了笔者，并一直引领笔者走到今天。

图 55　**黄檗染色**
无媒染。黄檗的树皮味苦，呈黄色，是黄纸的重要染料，可做写经用纸，亦可做中药。

　　这里的染色主要指的是单一颜色的染色，主要分为纸料纤维染、刷染、浸染等。纸料纤维染就是在抄纸的过程中，或在纸槽中加入染料，或把有色纸重新打浆抄纸；刷染就是使用毛刷涂上染料进行染制；浸染就是把原纸浸到染料中进行加工。刷染时需要注意先把原纸润湿再刷，否则会出现纸张不平整的现象。使用模具等加工方法的染色将在下文详细解读。

　　日本的染色和纸可以是纯植物的草木染也可以是化工染料染。用于草木染的较为常见的植物有：红花、蓝靛、丁香、黄檗、茶、苏芳、茜草根、紫草根、油烟、灰炭等。

图 56　**蓝纸**
使用蓝靛进行浸染。

红花

吉冈染司工坊使用草木染的方法恢复了几近失传的 466 个传统颜色。他们每年仍然坚持使用红花对和纸进行染色，为奈良东大寺修二会举办的活动提供手工染色纸。据说为保证最上乘的颜色，每次制作都使用 60 千克以上的红花原料，而大部分的红花都来自中国。

红花染容易褪色，事先要用黄姜、黄檗染色，然后才用红花进行染色。红花染的颜色有"一斤染""桃色""薄红"以及"中红""暗红色"等。

图 57　**淡红色红纸**
媒染剂为石灰或醋，利用红花色素进行染色，过去也用草木灰与梅醋进行染色。现在多用碳酸钙和醋酸，以达更好的稳定性。

图 58　**浓红色红纸**
媒染剂为石灰或醋，利用红花色素进行染色，过去也用草木灰与梅醋进行染色。现在多用碳酸钙和醋酸，以达更好的稳定性。

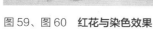
图 59、图 60　**红花与染色效果**

抚子色

　　"抚子"为石竹，是秋季七草之一，颜色有很多种，较浅的类似淡粉的樱花颜色。旅日著名媒体人、文化人蒋丰把日本女子的精神世界以及人生故事写成一本书名为《脱下和服的大和抚子——千姿百态的日本女性》。这种颜色很好地表达了性格文静、温柔稳重的少女心，纯净、粉嫩。石竹从平安时代开始就成为染料，是年轻人喜爱的颜色，有青色系列和红色系列，青色系列是外面紫色，里面青色或红梅色，年轻男性使用；红色系列是外面红梅色里面青色或红色，年轻女性使用。

图61、图62　**石竹与染色效果**

苏芳色

即苏木，豆科植物的一种，又名苏芳木、红紫、赤木，为灌木或小型乔木，多分布在东南亚和中国南部一带。其木芯含有红色色素，与靛蓝、槐花等其他植物染料搭配使用时，在铁、铝、铜、铅等不同媒染剂的作用下，可变为黄、红、紫、褐、绿、枣红、深红、肉红等颜色。它的历史很长，早在魏晋时期，妇女就常把它作为胭脂的原料。日本原本没有苏木，是奈良时代从中国传过去的。苏芳可代替红花、茜草使用，多为红色系和紫色系。

图63　**苏芳纸——浓色媒染剂是胶矾。**

图64　**苏木**

图 65　苏芳纸——淡色
　　　媒染剂是胶矾。晋代的《南方草木状》记载染色时使用一种特殊的水，普遍认为
　　　是胶矾水。

图 66　苏芳纸
　　　媒染剂是铁。苏芳染一般忌讳铁，所以为了染成亮丽的红色，染色时不能使用铁
　　　质的容器，但是利用铁可以把纸染成紫色。

胡桃色

日语中的胡桃亦为核桃。用胡桃及核桃树的树皮、树根以及核桃果实的皮进行染色，形成比较明亮的茶色。正仓院文书里有"胡桃纸"的记载，日本奈良时代就已经使用胡桃及核桃树进行植物染。

图 67　**胡桃纸**
　　　　无媒染。采用核桃的
　　　　果皮、树皮及树叶进
　　　　行染色。

鸨羽色

《诗经》里就有《鸨羽》一篇：肃肃鸨羽，集于苞栩。

我们理解"鸨"为类似大雁的鸟类，但日语中的"鸨"则不同，也写作"朱鹭"即朱鹮。朱鹮全身白色，只有翅膀下面的羽毛带有偏黄的粉色，展翅飞翔时可见其美丽的容姿。所以，日本把这种颜色称为"鸨羽色"或"朱鹭色"。江户时代的染色样本簿里称为"时色"，概为借字。朱鹮已成为世界级保护动物，日本产的朱鹮早已灭绝，现有的朱鹮由中国赠送并繁殖。现在，朱鹮已成为日本国鸟。

使用红花或苏芳可染成鸨羽色。

图 68、图 69　**鸨羽色**

芒草色

　　芒草是生长于山地的多年
生草本植物，品种多达 20 种，
从芒草中可提取黄褐色染料。
芒草易于割取，日语名字为"刈
安（かりやす）"。日本自古
就使用芒草作染料，不仅可以
染成黄色，与蓝靛并用还可染
成绿色系列。

图 70　**芒草染色——浓色**

图 71　**芒草染色——淡色**
媒染剂是明矾。

图 72　**芒草**

姜黄色

姜黄多产于印度、马来半岛、印度尼西亚等地，多年生草本植物。用其根茎进行染色，姜黄也是制作咖喱粉的原材料。奈良时代传入日本，江户时代在红花染中使用。用此染料染色的纸可防虫，常用来包裹书画古董及衣物等贵重物品。

图73　**姜黄染色**

图74　**姜黄**

紫色

使用紫草的根、草木灰及醋在低温下可产生深紫色。紫色是高贵的象征，《源氏物语》也称为《紫色物语》。紫草是多年生草本植物，其根部为紫色。"浓色"和"薄色"指的是紫色的浓淡。紫色系列有藤紫、江户紫、梅紫、菖蒲紫、半色、薄色、深紫等。

	76
	77
75	78

图 75　**紫草**

图 76、图 77、图 78　**紫色纸**
使用紫根抄制而成

五色奉书

　　日本有五色奉书和纸，与中国崇尚五行五
色文化有关。在中国，依照《黄帝内经》五行
与五色的搭配关系是：东方木，在色为苍；南
方火，在色为赤；中央土，在色为黄；西方金，
在色为白；北方水，在色为黑。日本的五色虽
然与中国的"青红黄白黑"相对应，但对颜色
的理解稍有不同，颜色的接受体现一个民族的
国民性。日本的五色奉书分别由如下植物制作
而成。

青——蓝靛
红——红花
黄——黄檗
紫——紫草
白——未做染色的原色
黑——炭灰

图 79　**染色纸**

（二）添加

传统的抄制技法是添加做纸原料的粗纤维，即打浆之前的粗纤维；可添加不同大小的树木黑皮。加黑皮的方法也有 2 种：一是与黑皮、树皮一起蒸煮、打浆，这样抄出的纸比较粗糙；二是在蒸煮前把黑皮去掉，打浆后再添入纸槽，这样抄制的纸比较干净、清爽。黑皮较多时，为了不使黑皮沉底，需加入较多纸药并搅拌。

亦可在添加前把粗纤维进行染色。这种抄制方法不用额外的工具，只依靠抄纸匠人的抄制技术。云龙纸就是这样抄制出来的，因为简单易仿，云龙纸在我国加工纸中所占比率较高。

图80　**云龙纸**

84

添加物还可用花、草代替，抄制出来的纸就是花草纸，花草纸在中国非常多见。用花草纸可做日式推拉门——福斯玛障子门的装饰，也可做灯饰等。当然，也可以直接装框成为一个摆件，或者做成屏风。我国的花草纸图案大多比较粗劣，少有设计感。但也有一些工作室设计师抄制的花草纸则更富有诗情画意。

其实，把染色纸剪成不同的图案，大的如剪纸，小的如纸屑（心形、方形、菱形）都可加进来，做成一个创意产品。如体验型的造纸小作坊就可以使用这种不同颜色、不同图案的小纸片，既美观又不受植物的季节限制，同样可以做出属于自己的创意纸制品。

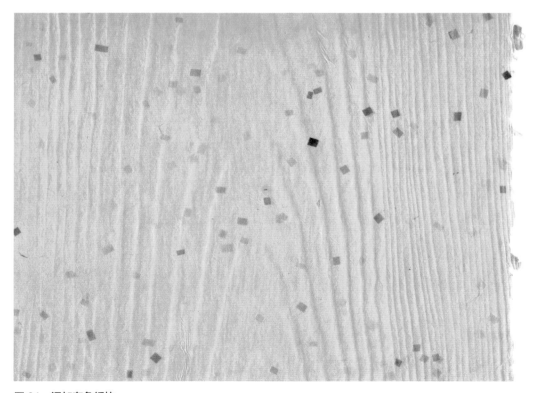

图81　添加有色纸块

总之，添加纤维、纸片、花草、块状金银箔、条状金银箔、金银粉、云母粉等都可，因添加物不同，呈现的效果亦不同。

图 82　**金箔晕染**
先在双面刷上明矾水，再进行浓淡不同的染色，之后撒上金粉、金线和金箔。为达到更好的书写效果，再涂三四次特殊液体，晾干后上滚轴压出绢纹。

可把树叶放入含碱 10% 的水里煮 1 个小时，之后用毛刷轻敲树叶使其只剩叶脉，再放入地纸与表纸之间。地纸与表纸也可用不同色纸代替，产生具有艺术魅力的手工纸。不仅植物可以做添加物，动物如昆虫也可以。如色彩斑斓的蝴蝶与叶脉组合则会成为绝美的画面。但是，晒干时则要格外小心，因为蝴蝶并不平整，干燥需要普通纸 2—3 倍的时间，刷墙时有异物的地方需用力按压，使之充分干燥，否则容易腐烂变质并影响手工纸的美观与寿命。

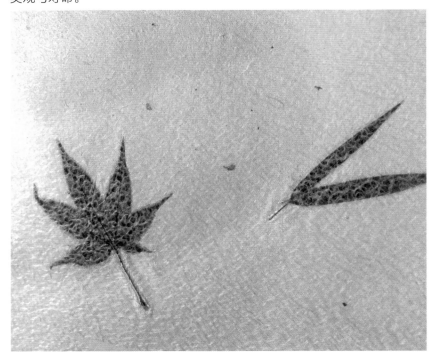

图 83　添加枫叶竹叶

在纸药中加入少量的明矾，再与纤维充分混合，明矾是酸性，可使纸药凝固，这样抄出来的纸纤维就像花瓣一样散落在地纸上（图 84）。纸料纤维是成纸的生命，纤维花瓣抄制得是否均匀则是其关键所在。

图 84　大礼纸

有些手工纸还添加泥土粉末，有的为了增加纸的密实度，有的为了增加色彩。泥土粉末的细小颗粒可以增强纸料纤维[1]的黏合性，显示其特有的风貌。泥土因其含有矿物质的不同而呈现不同颜色，如白、黄、红、黑等，使用自然界中的泥土抄纸，其成品颜色非常柔和，更加接地气。兵库县名盐地区出品的名盐纸具有特殊的特性和光泽（图85），用于抄纸的土都是本地特产的土，如东久宝土（白色）、尼子土（蛋壳颜色）、蛇豆土（茶褐色）等。泥间似合纸的大小一般为长1尺3寸，宽3尺2寸，因为多用于粘贴福斯玛门，5张纸正好可粘贴一扇门，所以取名为"间似合纸"，意思是"正好"。

图85　加入泥土的泥间似合纸（土佐和纸，掺入泥土抄制而成）

中国很早就有用泥膏加工手工纸的传统，如湖南竹纸及其衍生品香粉纸及滩头年画，香粉纸是加入特殊泥膏而制成的，可用作女性面部的吸油纸；年画是竹纸用泥土加工后而制作的版画。

———————————

①笔者为区别于机械造纸所使用的纸浆，而特意把手工纸中的纸浆称为纸料纤维。

打云纸

　　打云和飞云工艺在平安时代即 11 世纪中叶多用于书写和歌的料纸装饰中，而且，打云工艺至今还在被广泛使用，可见这种装饰的表达方式深深契合日本人对精致生活的追求。具体做法是，把雁皮纸进行染色，再重新打浆做成纤维花。使用另一个纸槽抄制一张原纸，湿纸还在帘子上时移到装有染色纤维花的槽子里，靠近身体一侧轻轻地沉入纸槽、捞起、倾斜，使纸纤维慢慢地流淌下来，之后远离身体的一侧沉入纸槽、捞起、倾斜，重复刚才的动作，这样，一张饱含日本文化印记的打云纸就做出来了。放纸纤维的纸槽里可放纸药也可不放，出来的效果有些许不同。日本的打云纸主要有蓝、紫、蓝紫三种颜色。

　　打云纸可用 1 个纸帘，也可用 2 个纸帘进行抄制。可以先往纸帘上倒入已染色的纤维花，做成色彩艳丽的彩云，再把它与另一张抄好的湿纸叠放在一起形成一张纸，这种方法需要 2 个纸帘；也可以在湿纸上直接倒入已染色的纤维花，这种方法只需要一个纸帘。使用多个纸帘就可随心所欲地操控不同颜色的纤维，从而创作意想不到的作品。

图 86　**用蓝色纤维抄制的打云纸**

图 87　打云纸

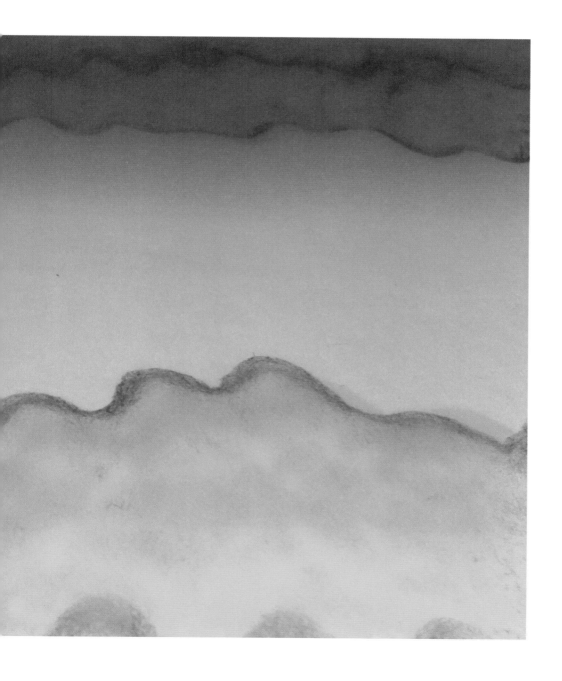

飞云纸

　　飞云纸是用小勺把已处理好的纸料纤维轻轻地滴到湿纸上而做得。用紫色、绿色、白色等其他颜色染色做成纤维花，再用手指蘸着纤维花滴入已抄好的湿的地纸上，可以产生类似莫奈睡莲的意境。

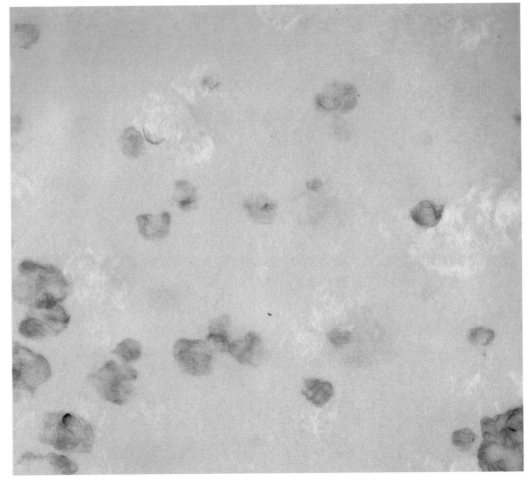

图 88　多种颜色纸料纤维加工而成的飞云纸

云龙纸

　　云龙纸可以做成单色也可做成多色。如果条件允许，可用 2 个纸槽，云龙纤维与白纸分别使用专属的纸帘和纸槽。先在抄白纸的纸槽中抄白纸以作地纸，再捞起已染色的云龙纸纤维，然后 2 张湿纸合成 1 张。在越前，1925 年开始抄制云龙纸，最初称云龙纸为大典纸，也就是说，云龙纸与大典纸最初很可能是同一样的纸。但后来，白色云龙纸演变成多色云龙纸，加入的粗纤维也不单单局限于植物纤维，出现了更多的变化。

图 89　**多种颜色的纸料纤维抄制而成的云龙纸**

大礼纸

大礼纸也叫大丽纸。图 90 的抄制方法如下：先抄制一张赤橙色的地纸；把打浆不太充分的纸纤维与纸药、明矾一起混合使之黏结在一起，然后抄制一张纸，盖在地纸上。加入明矾后，纸料纤维呈中间蓬松、两端收缩。这种大礼纸顾名思义，多用于包装纸等较为庄重的场合。若地纸为红色，则显示喜庆，多用于中餐馆的菜单。

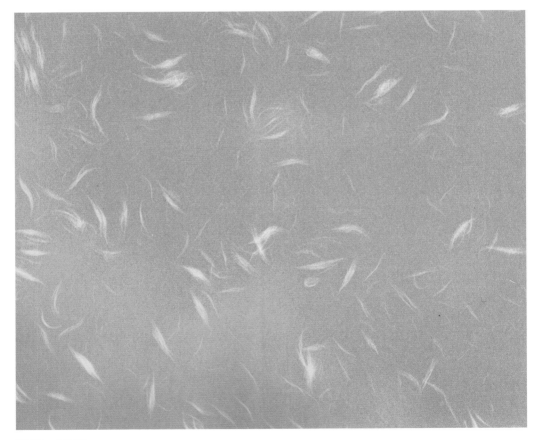

图 90　**大礼纸**

（三）使用水压

水玉纸

　　江户中期便有了水玉纸，当时只是用手或小扫帚往纸上滴些水滴。先抄制一张白纸，再抄一张染色的纤维扣在白纸之上，然后利用水滴的压力在有色的纤维上形成小圆点，露出白纸的地儿。现在，这一技术已有了进一步的发展。可以在染色的纸上覆盖一张白纸，再利用水压露出染色纸的地儿。也可以把清水换成不同颜色的水，这样，在水滴滴下的地方形成不同颜色的小圆圈，而且白纸也会染上色，形成一张色彩斑斓的创意纸。

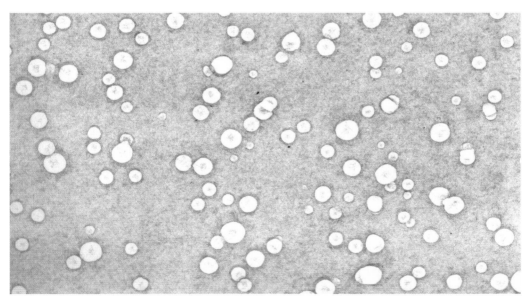

图91　**水玉纸**
先抄制一张白地纸，在另一个纸槽抄制一张染色纸并覆在地纸上，然后用扫帚蘸水洒在其上。

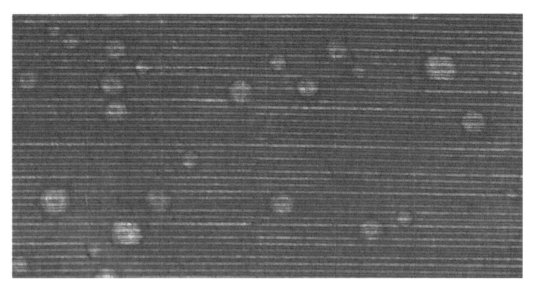

图 92　帘纹水玉纸
　　　先抄制一张白色地纸，再使用型纸或较粗的竹帘抄制一张色纸并覆在地纸上，之
　　　后利用水滴的重力做出水玉的效果。

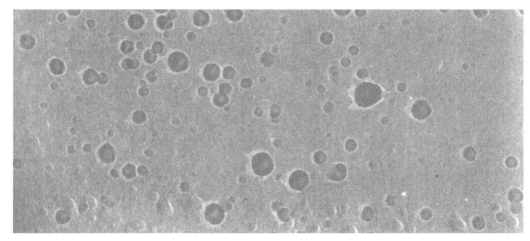

图 93　水玉纸
　　　先抄制一张紫色地纸，在另一个纸槽抄制一张白纸并覆在地纸上，然后用扫帚蘸
　　　水洒在其上。

落水纸

　　落水纸则需要更大水压才能抄制出来。可利用模具或使用有孔的容器控制水流抄制落水纸。使用模具的做法是，把用金属编织好的图案、电脑切割好的铁板以及雕刻好的型纸放置于刚刚抄好的湿纸上（在纸帘上操作），然后调整水压以喷雾状的力度冲下。此时，水压弱些，则图案浅些，纸料纤维有不规则的连接；水压若强，则可形成镂空的图案。另外，抄制落水纸需在纸料纤维里添加多量的纸药以使纸料纤维均匀分布。

　　现在，落水纸的纹样很多，如青海波、立松纹、枫叶纹、旋涡纹、春雨、七宝、云花等。落水纸透过柔和的灯光可展现其极强的亲和力，富于艺术创造。落水纸多用于灯饰、障子门等。

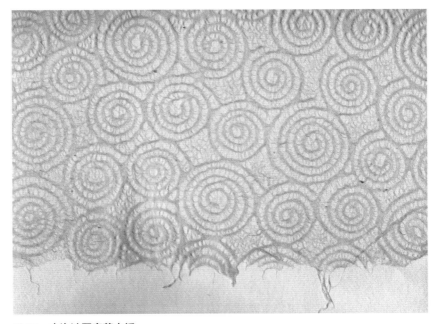

图 94　青海波图案落水纸

图 95　旋涡图案落水纸

日本造纸有黑透和白透技术（水印技术），纸料纤维厚度的凹凸不同形成不同图案，前者是图案纤维微薄，透过光亮，图案呈白色；后者是图案纤维微厚，透过光亮，图案呈黑色。复杂的图案需使用浇纸法，日语称为"溜漉"。在日本，不是任何人都可以使用黑透技术的，需要大藏省印刷局的许可方可使用，因为黑透技术被用于制造日本纸币。

还可以利用水压抄制一张落水纸，再覆盖在一张白色湿纸上，形成具有黑透效果的纸。

日本手工造纸多采用荡纸法（流し漉き），但要做水印图案，则多使用浇纸法。一般来讲，纸帘上要编 2 层或覆盖 2 层铜丝网，底下（下网）是粗线，上面（上网）是细线。水印造纸法是 1301 年在意大利发明的造纸法，最初的目的是印上造纸厂的标识，用现在的语言解释就是要印上公司 LOGO，以区别于其他。后来，这一技术作为防伪手段被各国用于制造有价证券。日本使用这一技术大概是在 20 世纪初，1908 年，工学博士佐伯胜太郎考察欧美造纸业后，对这一技术非常感兴趣并详细地记录下来。佐伯胜太郎曾就职于大藏省印刷局做印刷技师，退休后于 1940 年创立了特殊制纸公司。此人在日本造纸业贡献非凡。报告书中记载欧美有 4 个方法与当时的日本相差无几。①

① 粗细 2 层铜线，（抄纸后）要轻压细线，以求图案清晰、精致；

② 文字或较为简单的图案，只需把图案编、缝在上网，或者用铜板，使之产生白透的效果；

③ 在抄好的湿纸上使用已雕好图案的滚轮进行压制，使之产生凹凸的效果；

④ 把湿纸放在具有凸纹的金属板中间，用光泽机进行压制。

---

①每日新聞社 . 手漉き和紙大鑑第二巻 .1973: 25.

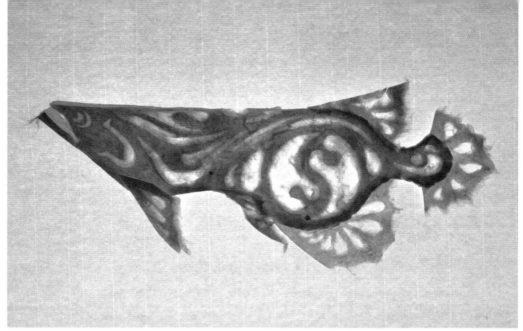

图 96、图 97　朋友黑余用落水纸原
理抄制、设计的作品

图 98、图 99　HOLOPAPER 纸
普公坊 A3 系列洗花
灯具

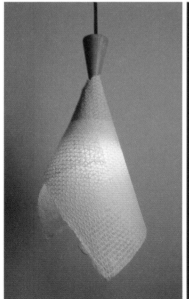

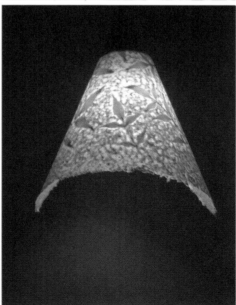

金凤纸

先用染色的纸料纤维抄制 1 张地纸；然后把金粉与三桠纤维混合，放入纸药搅匀、抄纸、叠放于地纸之上；再抄一张白纸置于最上；使用较小的水压冲一下。这种纸需使用 3 个纸槽方可获得，是把金银粉加入纸料纤维的添加法与落水法两种工艺结合而得。

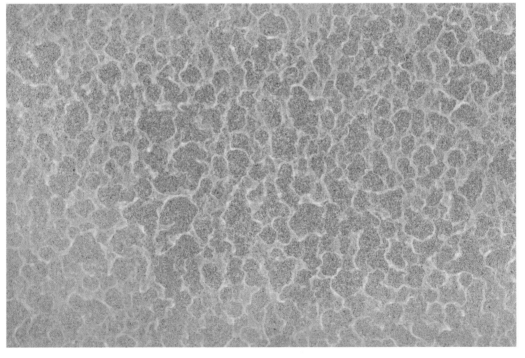

图 100　**金凤纸**

洛草纸

此种纸需要利用水流控制漂浮在水面上的长纤维，使之朝一个方向浮动，这样抄制出来的纸中添加纤维呈自然的竖条或横条状，像水中的水草直直地朝向同一个方向生长。也可以在捞纸的瞬间使纸帘倾斜，这样，长纤维自然就朝同一个方向排列了（图 101）。

图 101　**洛草纸**

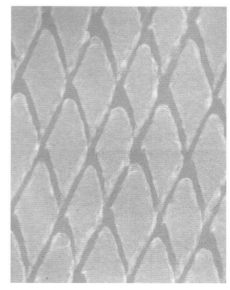

图 102　**菱形纸**
　　　　先抄制一张色纸做地纸，再用另一个纸槽抄制一张白纸并覆在地纸上，然后使用水压走出菱形图案。

熏香纸和香水纸

在纸槽中加入檀木等具有香味的木屑或者香水，当加热或点燃时即可清香四溢。

防燃纸与助燃纸

在成纸中涂布防燃涂料，一定程度上可以达到防燃的作用；而在纸槽中加入硝石则可助燃。在空中绽放各种美妙图案的礼花、鞭炮、导火线等就是用这种加入硝石的纸做成的。

（四）使用工具

1. 在纸帘上大做文章——水印

使用丝线、铜丝等可直接在纸帘上编制薄厚不均的各种图案，之后则可抄制具有水印效果的手工纸。2016 年在红星宣纸厂进行参观时，了解到很多书画大家都曾在这里定制过宣纸，在纸帘上编制自己的名字或动物图案或其专属图案，抄好的纸则在某个固定的地方隐约可见这些水印效果的印记。

日本的一些和纸体验馆为了更加直观并吸引体验者，往往在化纤帘上编制带有色彩的丝线，仿佛刺绣作品（图 103）。也有的使用电脑直接生产带有图案的化纤帘。

图 103　和纸体验馆的
　　　　纸帘

2. 型纸

（1）何谓型纸

型纸就是雕刻好的模板，用于纺织、陶瓷、餐饮等领域，日本的小纹、红型、有禅、手巾、包袱皮、手绢、围巾、刺绣以及陶瓷的绘画、和式果子的着色都离不开它。型纸是由质量精良的和纸制作而成。手工艺人用柿涩把两三张和纸粘贴在一起日光晒干，然后在 1 ~ 2 个月内反复刷柿漆、晾干。充分吸收了柿漆的纸变得非常厚实，可反复折叠使用（用于缩缅纸的加工），易于雕刻（图 104）。

型纸中伊势型纸最为有名。而做型纸的和纸要求抄纸的时候要充分去除纸浆中的杂质，对纸的质量要求较高，否则刀走纸上，一个杂质就可令雕刻途中的型纸毁为一旦。抄纸时要注意上下左右的帘动，这样，纸料纤维才能纵横交错，抄出的纸才能更结实、耐用。

图 104　**型纸**

（2）型纸印染

江户时代，京唐纸（京都）传至江户（今东京）的大街小巷，其技法和纹样得到了进一步发展。京唐纸都是木板雕刻，用布撑子把颜料蘸到雕刻木板上进行印制。而京唐纸传至江户，也出现一些新的技法，如捺染、刷毛染、贴金箔，就是使用型纸、毛刷等工具进行加工。做型纸印染的江户人称京唐纸的手工匠人为更纱师。使用印染技术制作的和纸多用于日本的福斯玛门上，仿佛是可移动的背景墙。昭和中期，普通百姓家里也可见更纱纹样的唐纸了。

图 105　**使用型纸抄制的和纸**
把刻有葡萄唐草图案的型纸放在纱网上，抄制一张色纸并把型纸揭开，再覆在白色地纸上。

图 106　**使用型纸抄制的和纸**
把镂空图案的型纸粘在纱网上，抄制一张白纸并覆在染色的地纸上。

京唐纸主要供应公家以及寺院建筑，图案纹样多为保守，以显示地位的有职图案（平安时代以后用于公家的装束、用度以及车马之上的传统纹样）和几何图案为主。而江户唐纸更多地掺入了商人及普通市民的喜好，显得自由奔放。

日本有专门的型纸雕刻师，他们会根据设计图案凭经验雕刻型纸。比如，线条交叉时出来的图案不清晰，所以，雕刻时比预想的线条要细些；四方或圆形图案则雕刻的型纸要小一些，因为抄制出来的效果往往比型纸大一圈。匠人的心绪与创意随着刻刀缓缓地流淌到纸端，然后以纯美的形象来到人们的身边，或者是餐桌上的桌垫，或者是和服中的纹样，亦或者是送给某个心仪男孩女孩礼物上的令人心动的包装纸。

（3）柿漆

据说日本的柿漆制作工艺是明治时期从中国传过去的。何谓柿漆？简单地说就是用柿子做成的漆，这种漆具有防水、防腐功效，多用于纸、木等制品。在日本，柿漆被广泛使用，过去常见的有纸衣、一闲张、伞、扇子、团扇、型纸、坐垫、小装饰盒等，而现在还出现手提袋、钱包等时尚产品。用柿漆加工过的纸可做灯饰，更是美轮美奂。

用柿漆加工过的纸可以替代布做成普通的纸衣、纸衾、纸帽、各种扇子等，可防水。

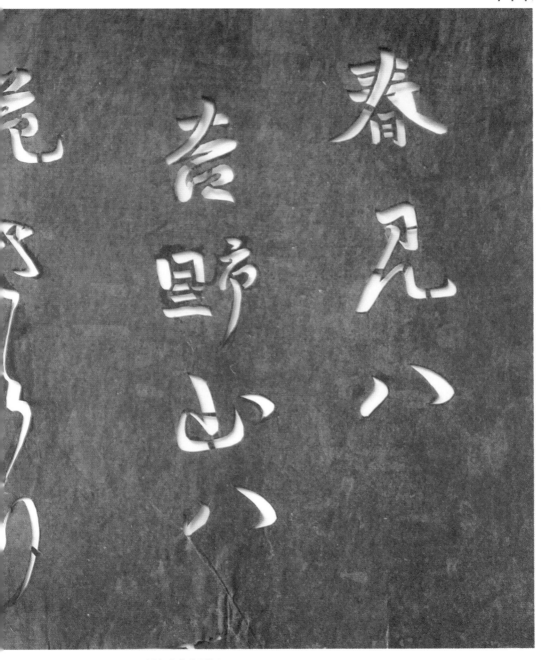

图 107　刻有文字的型纸

　　日语为"春見は谷野山は花さかり君とわれとは色さかり"，大意为"谷野山春花
　　浪漫之时，你我携手赏樱，鲜花怒放，正如我们盛放的青春"。

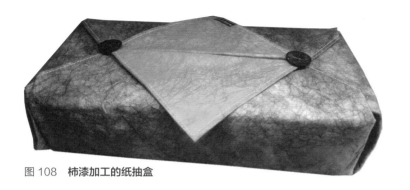

图 108 **柿漆加工的纸抽盒**

图 109 **柿漆加工的帽子**

　　那么，柿漆是怎么制作的呢？

　　每年的 7 月中旬至 9 月初是采摘柿子的季节，一定要在柿子还泛青的时候采摘，因为这个时候的柿子富含丹宁。摘下后放在厚塑料袋或木缸中捣碎，然后放入塑料桶或木制容器中，加水没过柿子，之后盖上盖子以防虫子等杂物混入。过两三天，柿子开始长白醭（白色发酵气泡）。这期间为了不使其长霉，需每天上下搅拌 2 次。7 ~ 10 天后，发泡现象基本结束，柿子下沉，这时可以拿布袋进行过滤。过滤后的液体即为柿漆，加盖贮存 2 ~ 3 年，熟化后使用效果更佳。

图 110　**柿漆加工的物品**

　　为什么使用青柿呢？青柿中富含大量水溶性单宁，随着柿子的成熟，单宁越来越不容易溶于水。所以采摘下来的青柿要尽快捣碎放入水中，否则同样会不溶于水。柿漆在发酵贮存的过程中产生醋酸、丁酸、丙酸等有机酸，呈酸性，防止微生物的生成。经过长期贮存的柿漆单宁分散均匀，具有一定的稳定性，涂抹平滑。涂抹在纸上的单宁酸化形成薄薄的膜，具有防水防腐功效。

　　媒染剂多使用铁或钛。铁作为媒染剂染出的颜色呈灰暗系——灰色到黑色，而钛掺入柿漆则染出的颜色呈明亮的颜色——黄色到橙黄色。

（4）千代纸

千代纸由吹画一路发展至今，已然成为包装、折纸的用纸首选。吹画是把颜料或染料放在管里并吹在地纸上而成，后来，慢慢地改为使用型纸、防染糨糊等辅助工具进行涂抹，制作图案各异的小纸。多由女性手工制作，彰显高雅的生活细节，如粘贴装饰盒、包裹点心（用于最外层）等。

图 111　**千代纸**
此为带有歌舞伎花脸图案的江户千代纸。

图 112　千代纸

此为花车图案的江户千代纸。花车是传统
祭祀节庆活动中必不可少的，也映衬王公
贵族家小姐们的美好生活。

墨流也给千代纸提供了很好的启发，最初的墨流图案是水与墨的随性组合，带有自由奔放的气质，但后来，有人把墨流图案刻在了木板上并凝固成图案一致的千代纸。

墨流是成纸之后的加工方式，属于后端加工，过去用墨，现在使用染料、颜料，颜色多样。

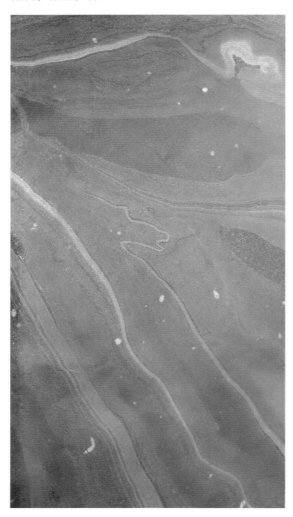

图 113　墨流工艺纸

笔者曾在恭王府举办的溥心畬精品赏析展览中看到一组墨流工艺装饰的书法作品。这是溥心畬去台湾后书写的，笔者被作品中的墨流加工工艺深深地吸引。笔者感兴趣的是纸张的抄制地点以及纸张的加工者，不知是不是大师亲自所为。书法字迹清秀飘逸，而墨流则婉约轻盈，整个作品相得益彰，凸显了一代大师的艺术造诣与品位（图 114）。大师当时曾有"南张北畬"之誉，而溥心畬的造诣则远远胜过张大千。

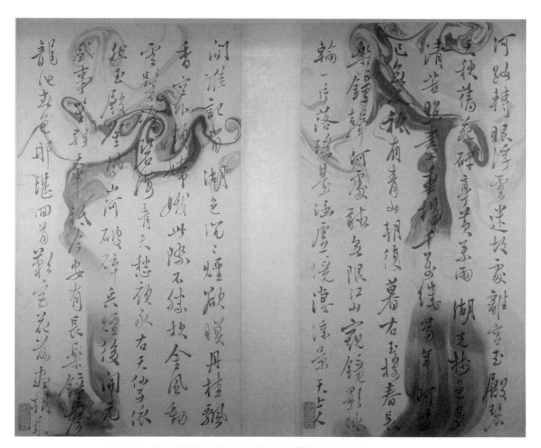

图 114　使用墨流纸而书写的书法作品（溥心畬作品）

3. 模具

（1）唐纸

唐纸是唐代从中国传递到日本的，舶来品称为"とうし"。平安时代日本成功地仿制出来并开始大量抄制，唐纸日本国产化最初是在咏草料纸（雁皮纸居多）上进行尝试的，后改用较厚的鸟子纸，称之为"からかみ"。[①]

前文讲过，唐纸使用木质模具、布撑子以及颜料进行印制，也使用型纸进行印制，还可做成晕染的效果。

图 115　唐纸
　　　　用云母贝壳粉与胶或面糊做成混合液，对整张纸进行涂布，然后再用木板上色刷出图案。

①冯彤 . 和纸的艺术——日本无形文化遗产 . 中国社会科学出版社，2009：54.

图 116 型纸染色

　　先在双面刷上胶矾水，再把刻有图案的型纸放在其上，通过丝网进行落色，最
后再涂上 3 ～ 4 次特殊液体进行固色。

图 117 纱型

　　纱网与型纸加工成一体形成一张型纸。

图 118　唐纸
用云母贝壳粉与胶或面糊做成混合液，再用布撑子对模板图案进行涂抹，最后
刷出图案。据说为了达到图案不褪色，还需涂布一种特殊液体进行固色。

（2）友禅纹样纸

友禅织染是闻名遐迩的产于京都的纺织品，而友禅纹样纸就是采用京友禅的技法而抄制的手工纸。按颜色数量分色制作型纸，然后涂色制作而成。多采用古典纹样，如传统艺能服饰的图案等，边线多为金色，光彩夺目。当然，现代工艺中常使用塑料板充当型纸，机器印染大大提高了产量。

图 119　**友禅纹样纸**

（3）金唐革纸

江户时代末期，用拟革纸做一些可装小物件的盒子，如烟盒、钱包、笔盒等。幕府末期和明治初期来日的欧洲人看到这种纸与欧洲宫廷、教堂使用的皮革很相似便极力推崇，明治六年（1873年）在维也纳举办的万国博览会推出的金唐革纸备受瞩目。但是，大正时代金唐革纸却销声匿迹了。直到 20 世纪 70 年代，北海道的小樽要修复古建的内装饰，因有需求，才使金唐革纸的技艺再次得到复活。

制作金唐革纸需要在木质滚轴上雕刻突出（阳文）的图案，然后把纸放在滚轴上用力敲打，使立体图案浮现出来。焙干后再涂抹天然清漆两三遍，使之变成黄色，然后再涂漆、上油性颜料。

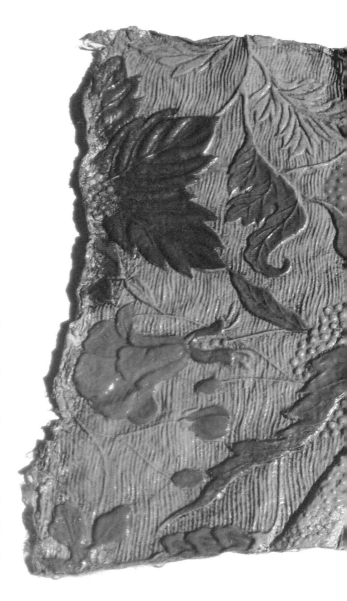

图 120　**金唐革纸**

（4）拓纸

做拓纸，纸要结实并有一定厚度。先涂一层魔芋糊晾干，染色，焙干后再涂一遍魔芋糊，在没有全干时做成揉纸，晾干。放在刻有凹凸图案的木板上，用马尾做成的毛刷进行拍打。拍出凹凸形状后，用拓包蘸墨汁叩打，使凸出的地方着墨，这个技能需要信心、耐心，不经时日难以掌握。之后，用潮湿的毛巾把纸润湿，10 张一组用木板夹好，使之平整。最后，还要涂一次魔芋糊，晾干。

图 121　拓纸

图 122　茄根染色拓纸

此纸由茄根染成，再覆在刻有图案的模板上捶打使图案具有立体感，然后用拓包蘸墨轻轻拍打，此过程与制作石碑拓片相同。

（5）柳絮笺（繊維引き掛け紙）

日本有关书籍中曾出现过"光王纸""光华纸"这个名称，这是技术革新后出现的新技术。是根据纸料纤维的漂浮特点而制成的一款手工纸，有些成品效果像春天的柳絮，故笔者取名为"柳絮笺"（图123）。

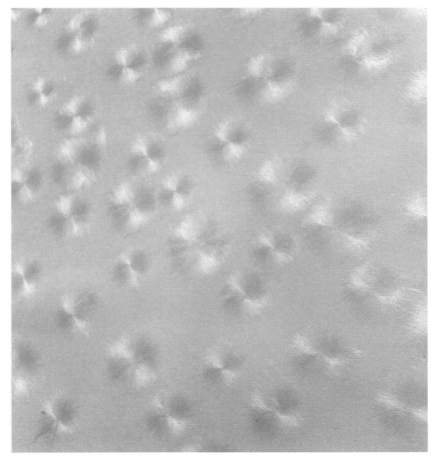

图 123　**柳絮笺**

这样的"柳絮笺"是如何抄制的呢？本书首次为读者进行剖析、解密。

　　首先抄一张白纸作为地纸。再用金属型板抄制，根据不同图案选用不同的配件焊接在一起做成金属型版。这时的纸料纤维不用充分打浆，需保留原有的长纤维。纸料纤维打好后要进行漂白，并需使用纸药。使用金属型板捞好纸料纤维后，在水中扣在纱帘上，在扣的瞬间纸料纤维就自然分散形成柳絮状的图案，之后再盖在地纸上，使两张纸合二为一。此种技艺利用纤维对光线的反射作用，光线的反射与模具图案则形成意想不到的效果。此种方法需要做"柳絮"的纤维达到细腻、纯净，这样才能更好地放射光芒，以达惊艳的效果。

　　同理，选用不同图案而成的钢板可达到其他不同的效果，如狮子毛效果、旋涡效果等。这种纸很适合做扇面。

图 124　**狮子毛**

图 125　**做狮子毛效果的
　　　　模具局部**

4. 其他工具

刷子、木齿、动物牙、柳树条、蜡等都可以归到此类。

用刷子、木齿等进行涂抹、刷制，可加工成格子、条纹等纹样的手工纸。

图 126　**使用木齿的涂布效果**

图 127　**使用蜡的涂布效果**

　　用毛笔蘸蜡后涂在纸上，再进行染色，此种加工方法与织染相同（图 127）。

　　用蜡还可加工誊写纸。记得上中学时，电脑、复印机等设备还没有普及，作为班长，笔者经常被老师抓差，用带钢尖的笔在誊写纸上誊写各科成绩及期末排行榜，然后制作在 A4 纸上人手一份。在中国印刷博物馆看到誊写纸展品，感到无比亲切，感叹曾经亲历的生活就这样成为了历史。

　　动物牙或角自古就已在手工纸加工中大显身手，此外，麻布、金属型板等工具也都纷纷粉墨登场。

皱纹檀纸——菱形图案

日本现在称为檀纸的手工纸并不是特指其原材料，而是把带有皱纹的纸称为檀纸。

使用象牙或其他动物的角及木材制作的圆弧工具以及尺子做砑纹处理，可以制成菱形等图案的纸（图 128）。先抄好 5 张构皮纸，叠放在一起，再把已抄好的 1 张纸洒水后置于其上，再放 2 张纸起保护作用，然后用象牙等圆弧工具以及尺子划出菱形凹凸，然后倾斜着把 8 张纸一起揭下来，不用毛刷直接上墙，焙干后约 20 张纸放在一起，再洒水放置一晚阴干。这种纸端正大气，适用于礼仪包装以及茶室装修。

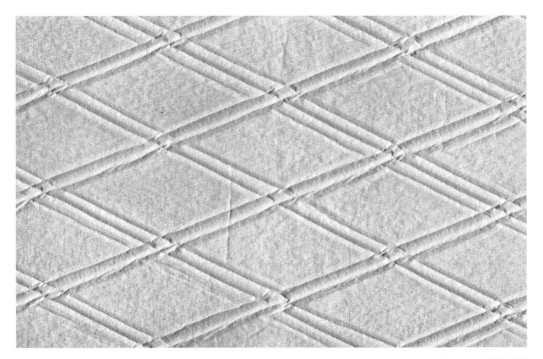

图 128　**砑纹处理**

布纹纸、绢纹纸

　　先去掉纸床中湿纸的一部
分水分，再每隔 1 张纸放入
一块大于湿纸尺寸的布，全部
放好后压去水分，揭纸时纸和
布一同揭开一同晒干后再揭去
布，这时布纹就清晰地留在纸
上了。想加工成粗糙纹路的纸，
则用麻布；想加工成细小纹路
的纸，则用绢布。布纹纸焙干
时不用毛刷，不可高温上墙，
待水沥干后，与布一起吊在绳
上晾干。此种纸适用于书籍装
订（图 129）。

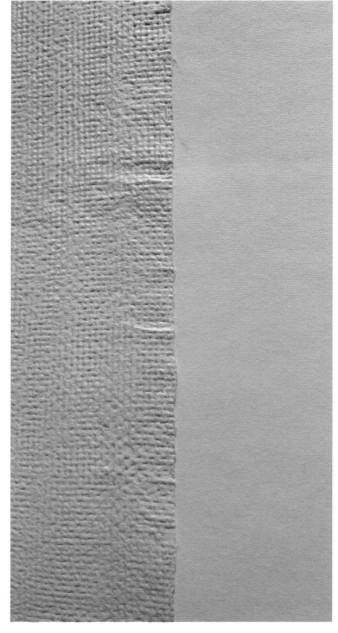

图 129 （左）布纹纸与
绢纹纸（右）

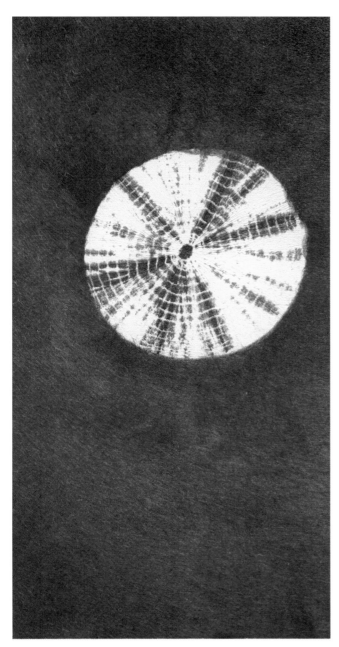

扎染

有些加工纸是前端加工和后端加工两者的结合，只要发挥想象的翅膀，运用灵巧的双手（手工造纸技艺），创意产品、纸质艺术都会源源不断地产生出来。图中的圆圈部分是先把白色成纸用线进行捆扎、染色，之后待用。先抄制一张白色地纸，然后使用另一个纸槽抄制蓝纸，抄制时在纸帘上放上圆形型纸，这样抄制出来的纸会有一个圆洞，再把事先做好的扎染的纸剪成大于蓝色圆洞的圆形，正面朝里盖在圆洞上，然后再把整张纸盖在白色地纸上晒干。

其实，这个扎染的效果可以通过另一种方式实现，即用白纸直接进行扎染。这两种方法效果相似，仔细观察则可辨别。

图 130 **复杂的扎染工艺**

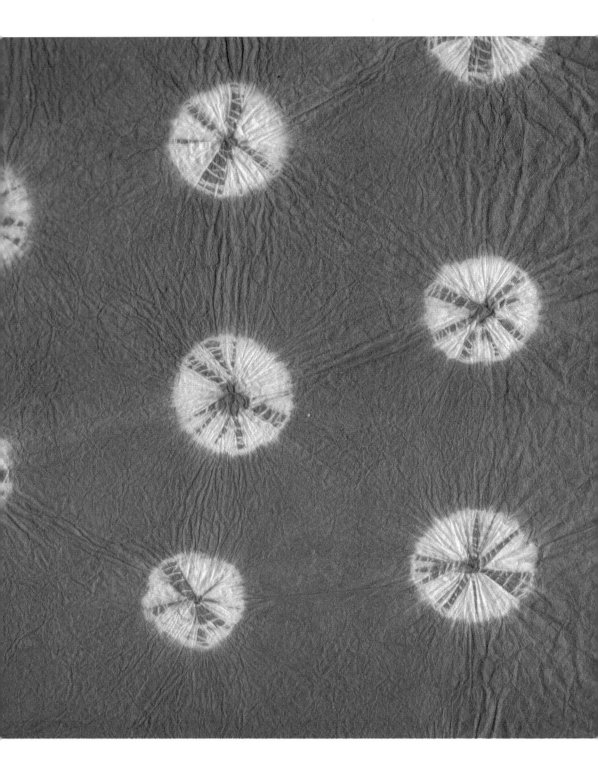

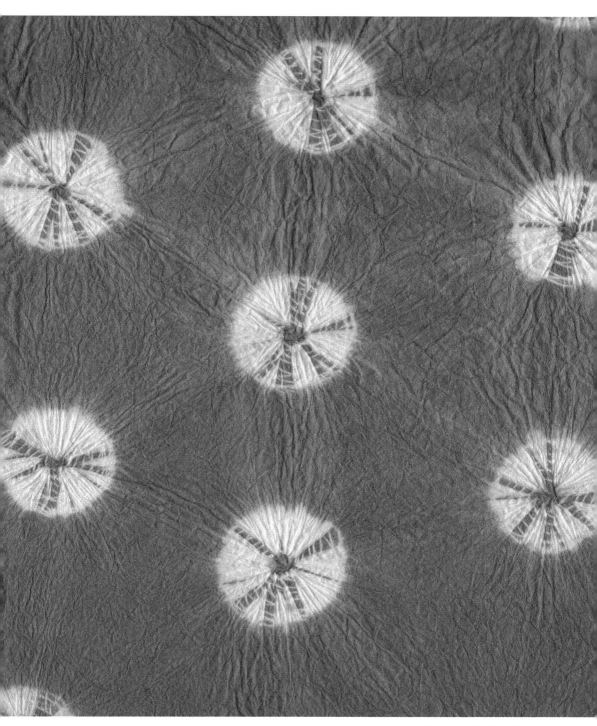

图 131　使用白纸直接进行扎染

夹染

夹染是在纸的两面牢牢地捆上木板进行染色的一种方式,没有木板捆扎的地方就染上了颜色,与纺织染色同理。使用不同形状的板子,则染出的图案也不尽相同(图 132)。

图 132　**夹染**

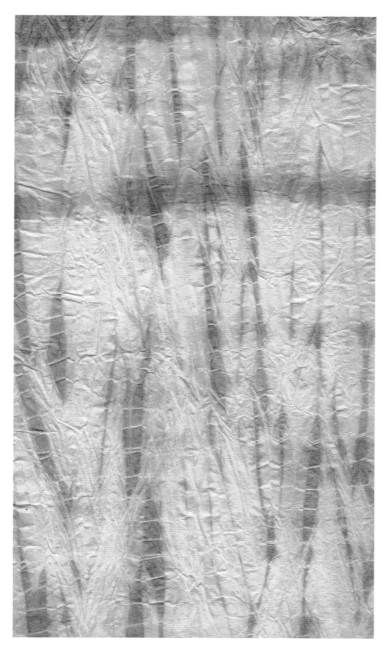

柳条染

　用柳树条捆扎白纸
再进行染色，展开后的
效果也很不一般。

图 133　**柳枝扎染**

图 134 杉木薄片贴在和纸上做成的杉木纹纸

5. 使用机械

杉木纹、桐木纹

使用机械把桐木或杉木削成薄片，然后放入石灰液中浸泡、漂白处理，在玻璃上用潮湿的布擦抹后把薄片排列其上，再用白纸粘贴。此类加工纸多用于墙壁、盒子等装饰之中。

和纸艺术创作

1. 揉

　　日本的揉纸有榛原揉、绞揉、云母揉、缩缅纸等多种。单单滋贺县草津市就有大仓揉、榛原揉、菱菊揉、菊水揉、晚霞揉、松皮揉等15种揉法。[①]

　　用颜色不同的土进行染色，也可以用土涂在纸的表面，待纸干燥后再加工成揉纸，也可把柿漆纸加工成揉纸（图135）。揉纸纹样可以分为小揉和大揉，全凭手上的力度和经验。揉纸可做钱包、手提包、茶袋等。

图135　**柿漆涂布后加工成揉纸**

---

①久米康生．彩飾和紙譜．平凡社，1994:162.

2．染

如上所述，除扎染、夹染、捆染以外，还有折染等（图 136）。这几种染色的方法关键在于扎法、夹法、捆法以及折法，不同的方法会产生不同的效果，需要不断实践方可达到随心所欲的地步。

图 136　**折染**

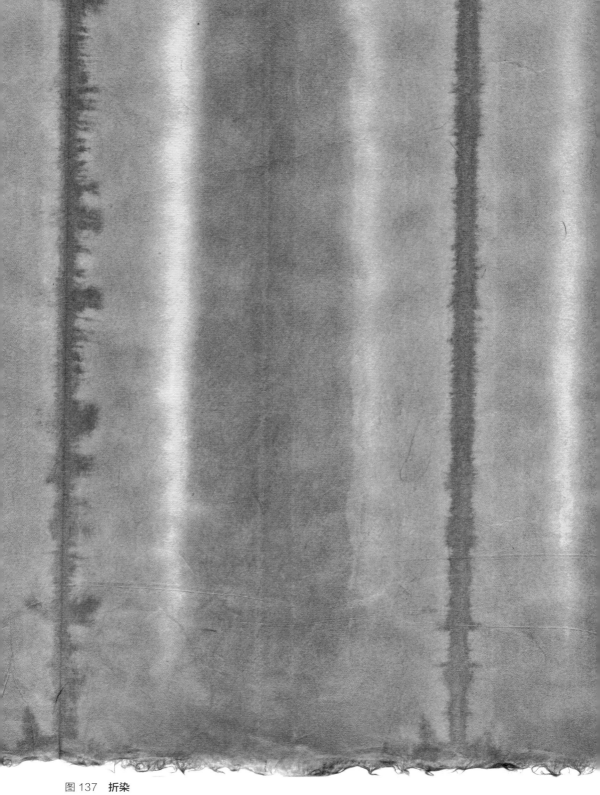

图 137　折染

3．涂

可涂抹桐油、柿漆、蜡、颜料以及药物、香水等。有纸衣、桐油纸、柿漆纸、印染型纸、金唐革纸、誊写纸，还有云母涂抹纸、熏香纸，等等。

涂布工艺中，涂料、刷子、胶以及精湛的手上技术活缺一不可。

4．添加植物

枫叶、竹叶及各种花草都可以加到两层湿纸中间，干燥后，几者自然浑为一体。不仅可在捞纸前把植物纤维、树皮、谷壳、海草、海藻等有机物搅入纸槽，还可添加线头、玻璃丝线等无机物，以求多样化。

图 138 的抄制方法如下：

① 先抄制一张白色地纸；

② 然后把处理过的枫叶（处理后枫叶颜色可保持不变）等植物放入地纸上；

③ 再抄制一张纸，并在纸帘上放上用铁丝编制的铁帘，然后用水压冲刷；

④ 把③盖在地纸上；

⑤ 焙纸。

图 138　加入树叶抄制的落水纸

图 139　加入竹叶抄制的和纸

先抄制一张色纸，然后再抄制一张撒有楮皮粗纤维的纸，随后在湿纸
上放入已做好褪色处理的竹叶，再覆盖在色纸上。

图 140　海苔纸
使用高知县特产的海苔进行抄制的和纸。

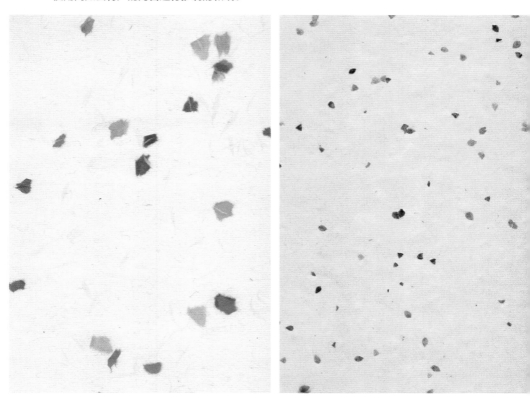

图 141　加入染色纸抄制的和纸
把已染好色的纸撕成碎片添加进去。

图 142　加入荞麦壳的和纸

150

5．添加动物

蝴蝶等动物做成标本后放入两层湿纸中间，做成福斯玛门、屏风等用以装饰，此法多少有些奢侈。

当然，纸料纤维可以多次添加，捞纸时头脑里浮现作品的设计，在适当的构图中捞起再按照创意移到地纸上。不断地重复就可抄制一张如绘画般的艺术作品。

图 143　**加入动物标本的和纸**

6. 添加人工合成物

　　近年来，人造绢丝、金属丝、玻璃纤维等人工合成物也可成为添加物。PVA 等物低温难与纸融合在一起，需 75℃的高温才可，上墙烘干时，铁板要刷油，防止 PVA 纤维附着到铁板上破坏纸的完整性。因玻璃纤维很难自然搭合在一起，需要使用特殊的黏合剂使之高温融合。而且在焙干阶段还需要一种剥离剂使之较容易从铁板上剥离开来。

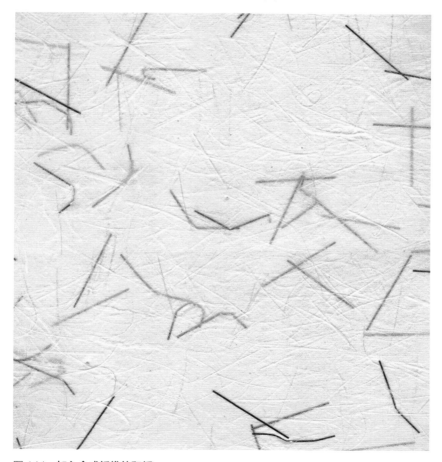

图 144　加入合成纤维的和纸

7. 剪贴

用剪刀剪下
（切继），则切
口整齐；而看似
随意的撕破（破
继）则有一种别
样的意境；一张
错开一张地粘贴
（重继），则有
一种日式服饰的
美感，若颜色渐
深或渐浅，则达
到晕染的效果，
造纸工艺与织染
工艺又一次达成
跨界融合。

图 145　**撕破与剪贴**

图 146 剪贴画

8．捻

　　把纸捻成纸绳，贴在绿色色纸之下，可做成树叶脉路。当然，也可做成根根竖立的动物毛发（图 147）。

147 | 148
　　| 149

图 147　**捻纸艺术品**

图 148、图 149　**使用水引制作的
　　　　　　　信封装饰**

9. 烧

纸一烧即为灰烬，顷刻化为乌有，但如果巧妙地加以运用，则可创造出令人惊奇的艺术品。可使用线香烧出枯叶等想要的任何图案与作品。也可烧成想要的其他图案，做成灯，让艺术之光照进生活。

图 150　使用烧纸工艺
　　　　制作的纸灯

10．撕

撕画需要撕下白纸或色纸的纤维，然后粘贴成一幅看似水彩或油画的作品，带有晕染效果的色纸、普通构皮染色纸、云龙纸、超薄的典具帖纸、落水纸等则较多地使用于撕画创作之中。晕染色纸纤维使撕画更具层次，可以达到贴近自然的逼真效果；普通染色纸可做地纸；云龙纸的纤维可用小镊子剥离开来用以勾勒作品的轮廓；超薄的典具帖纸可以达到远近、稀疏浓密的立体效果，适用于风景画；落水纸较薄、有洞、柔软，易于撕出纤维。撕画的制作方法有纤维抽出法、剪碎法、单侧使用剪刀法、云龙纸纤维法、润湿法、烧画法、典具帖纸双重贴法、工具使用法等多种技法。

图 151 **撕画：墨斗鱼**

　　下面以"樱日暮色"[①] 作品详细加以说明。先做出太阳、远处的岛屿，然后薄薄地涂上胶水，在太阳和岛屿部分从上至下贴上典具帖纸，以达到朦胧的意境和效果。然后按顺序做大海、栅栏、枝条、茎叶，最后做樱花。枝条和叶茎等细小部分需要使用剪刀，樱花部分用剪碎法制作。

图 152　**撕画：樱日暮色**

①渡辺風沙絵 . すてきな和紙ちぎり絵入門 . 东京：诚文堂新光社，2008：46.

11. 使用模具进行创作

　　除了一些常规用具外，还可以使用自然之物，如把较大的树叶、蔬菜叶子等作为模具进行艺术创作，可以达到意想不到的效果。

　　用布也可以做成想要的创意效果。先把布放在帘子上捞纸料纤维，需厚一些，沥去大部分水分后，搭在圆柱上，等水分彻底干掉后就可以做成创意灯罩了。

　　同理，把捞好纸料纤维的布搭在白菜或卷心菜等植物上，晒干后，把外层的布拿掉，里层的纸就有了白菜的纹路与形状，事先把纸料染色则可做成令人惊艳的艺术品。

图 153　**纸质装饰灯**

2015 年，笔者跟随"丝路纸道"考察了云南白水台东巴纸、云南腾冲滇结香手工纸、丹寨石桥皮纸、湖南竹纸，并探访了蔡伦故乡耒阳。对我国西南地区的考察得知，前端加工中的染色、添加纤维、添加花草的纸比较多见，而其他种类的加工纸则少有。我国历史上曾制造出很多品种的加工纸，其工艺主要有①刷涂法；②浸染法；③撒溅法；④砑花法。[①] 主要的加工纸有蜡笺、油纸、熟宣、流沙纸、云母纸、砑花纸、金花纸、瓷青纸、羊脑笺、大红纸、防蠹纸、加工宣等。可是，书中记载的加工纸在以上考察地几乎没有见到。

加工纸技艺的传承与应用需要设计师、艺术家、相关学者、企业等多方的支持，扩展需求领域，没有需求就没有发展。扩大手工纸的使用量并提高质量需要从个人到企业、从民间到政府全方位的努力与支持，要让手工技艺凸显其自身的价值，并且满足现代的生活需求，获得可持续发展的能力。一方面，手工艺人要不断专研技艺，扩大与外部交流，共享信息并扩大宣传；另一方面，设计师、艺术家等各方面需与手工艺人加强合作，提升手工纸的附加价值，以外部力量介入的方式参与到手工纸再建的事业之中。出版行业大量使用手工纸推广线装书出版，也是对手工纸传承的一种贡献。[②]

笔者认为，对我国手工纸工艺的保护需要更加细化，原纸工艺仍需提高技艺并秉承非遗传承人保护体系进行保护。而针对加工纸，则需要设计师、专家学者、艺术家以及传承人共同努力，设计、制作、创新、经营及应用各个环节共同参与，才能使我国的手工纸再次大放异彩。

笔者欣喜地看到，这一天正款款地向我们走来。

---

① 刘仁庆．中国古纸谱 [M]．北京：知识产权出版社，2009：215.
② 冯彤．出版社对手工纸传承保护的贡献 [D]．中国社会科学报，2016(6).

图 154　放风筝的美人 / 矶田胡龙斋画

跟随西村重长学画浮世绘，与春信私交甚好，受其影响较大。

图 155　暖炉二美人 / 铃木春信画

图 156　染色纸

图 157　染色纸

图 158 折染的石州和纸

后记

　　本书版画来自一本手工装订的古书，书皮是硬纸壳，略显破旧，但复刻内容极其精美。记得笔者和友人老弟一起逛日本的古董市场，笔者第一眼看到这本书就喜欢上了，但问了问价钱竟有些许犹豫，逛了半天再去寻找却遍寻不着，略有失望。几天后，与老弟分别时，对方竟像变戏法一样从包里拿出这本书并送到笔者眼前。笔者手捧这个千斤重的礼物一时哽咽，惊喜万分。书里有很多与纸有关的画面，日本版画多用较厚的奉书纸（楮皮纸）手工刷就。本书采用这些版画，一为彰显和纸对文化的传播贡献，二为感谢友人老弟的全力支持与鼓励，笔者会带着这份情谊坚定地在"纸路"之上前行。

　　本书的纸样大部分来自笔者的采购，同时也参考了每日新闻社版《手漉和紙大鑑》（1973）、《日本の心二〇〇〇年紀和紙総鑑》（2011）、每日新闻社版《日本の紙》（1976）以及每日新闻社版《日本·中国·韓国書の紙 手漉画仙紙と料紙》(1977) 等书籍的部分纸样，特此说明并表示感谢。

　　另外，感谢一路陪笔者走来的亲人、朋友以及读者，你们是笔者坚持至今的动力！

2018 年 12 月于竹桐斋

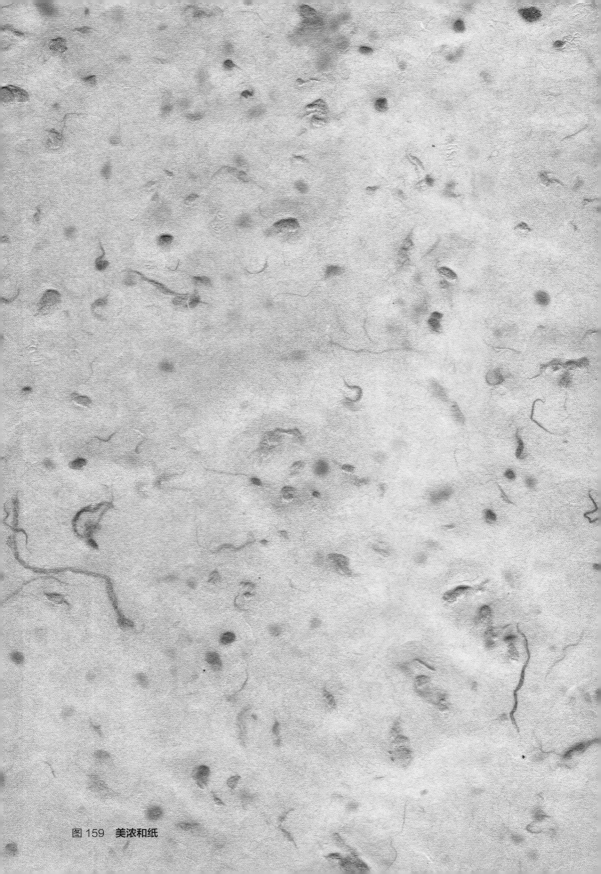

图 159　美浓和纸

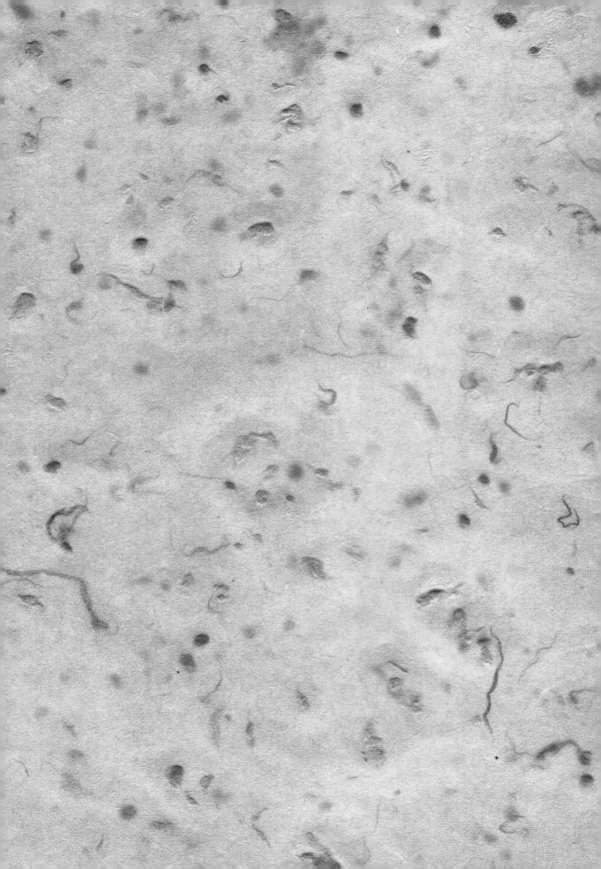

图 160　美浓和纸

图索引

图1　结缘 ·· 6

图2　石州和纸会馆内景 ······································· 8

图3　安部荣四郎纪念馆内景 ·································· 9

图4　在冈太神社前玩耍的孩子 ····························· 10

图5　福井县今立郡今立町的和纸之乡大道 ··········· 11

图6　越前和纸之乡地图 ······································· 12

图7　笔者拜访西田诚吉并于手工作坊前留念 ········· 13

图8　笔者在西田诚吉的指导下于石州和纸会馆体验抄纸 ·········· 14

图9　石见地区的神乐面具 ···································· 15

图10　石见神乐面具坊 ··· 16

图11　京都鸠居堂 ·· 17

图12　笔者与折纸会馆馆长小林一夫交谈 ············· 18

图13　用折纸方法制作的七夕场景 ······················· 18

图14　美浓和纸之乡会馆 ······································ 19

图15　小津商店内部摆设 ·· 20

图16　摘草 / 蹄斋北马画 ·· 21

图17　千代纸 ··· 23

图18　樱花摆件 ··· 26

图19　以灯具显示和纸产地 ·· 26

图20　美浓和纸 ··· 28

图21、图22、图23　石州和纸 / 久保田彰抄制 ······························· 31

图24　湖中小舟 / 安藤广重画 ·· 34

图25　须磨 / 安藤广重画 ·· 35

图26　鸳鸯 / 宫崎友禅画 ·· 36

图27　雪中美人 / 铃木春信画 ·· 37

图28　工匠 / 土佐光起画 ·· 44

图29　工匠 / 土佐光起画 ·· 45

图30　工匠 / 土佐光起画 ·· 46

图31　工匠 / 土佐光起画 ·· 47

图32　使用缩缅纸制作的新娘玩偶 ·· 51

图33　吉祥水引 ··· 52

图34　白事使用的水引 ·· 52

图35　女儿节的玩偶摆设·······································54

图36　鲤鱼旗···56

图37　纸质鲤鱼旗玩具···56

图38　日本七夕的纸质符号··································57

图39　七夕的商店街景象······································57

图40　京都纸扇···58

图41　小白兔的折纸方法······································59

图42　小白兔折纸的实际应用·······························59

图43　新年折纸摆设··60

图44　新年折纸装饰··61

图45　和纸商店一角··62

图46　和纸包装实例··62

图47　和纸包装实例··63

图48　纸布···64

图49　墨流信封···64

图50　墨流扇面···64

图51　使用金唐革纸制作的笔筒····························65

图52　一闲张纸盘···65

图53　两种不同的抄制方法及效果…………………………………… 69

图54　青海波图案和纸………………………………………………… 70

图55　黄檗染色 ………………………………………………………… 71

图56　蓝纸……………………………………………………………… 72

图57　淡红色红纸……………………………………………………… 73

图58　浓红色红纸……………………………………………………… 73

图59、图60　红花与染色效果 ……………………………………… 73

图61、图62　石竹与染色效果 ……………………………………… 74

图63　苏芳纸——浓色………………………………………………… 75

图64　苏木 ……………………………………………………………… 75

图65　苏芳纸——淡色………………………………………………… 76

图66　苏芳纸…………………………………………………………… 76

图67　胡桃纸…………………………………………………………… 77

图68、图69　鸨羽色 ………………………………………………… 78

图70　芒草染色——浓色……………………………………………… 79

图71　芒草染色——淡色……………………………………………… 79

图72　芒草……………………………………………………………… 79

图73　姜黄染色………………………………………………………… 80

图 74   姜黄 ·· 80

图 75   紫草 ·· 81

图 76、图 77、图 78   紫色纸 ·································· 81

图 79   染色纸 ·· 82

图 80   云龙纸 ·· 83

图 81   添加有色纸块 ·· 84

图 82   金箔晕染 ·· 85

图 83   添加枫叶竹叶 ·· 86

图 84   大礼纸 ·· 87

图 85   加入泥土的泥间似合纸 ··· 88

图 86   用蓝色纤维抄制的打云纸 ·· 89

图 87   打云纸 ·· 90

图 88   多种颜色纸料纤维加工而成的飞云纸 ··········· 92

图 89   多种颜色的纸料纤维抄制而成的云龙纸 ·········· 93

图 90   大礼纸 ·· 94

图 91   水玉纸 ·· 95

图 92   帘纹水玉纸 ··· 96

图 93   水玉纸 ·· 96

图 94　青海波图案落水纸 ························ 97

图 95　旋涡图案落水纸 ···························· 98

图 96、图 97　朋友黑余用落水纸原理抄制、设计的作品 ········· 101

图 98、图 99　HOLOPAPER 纸普公坊 A3 系列洗花灯具 ·········· 101

图 100　金凤纸 ······························· 102

图 101　洛草纸 ······························· 103

图 102　菱形纸 ······························· 103

图 103　和纸体验馆的纸帘 ························· 105

图 104　型纸 ································· 106

图 105　使用型纸抄制的和纸 ······················ 108

图 106　使用型纸抄制的和纸 ······················ 108

图 107　刻有文字的型纸 ························· 111

图 108　柿漆加工的纸抽盒 ························ 112

图 109　柿漆加工的帽子 ························· 112

图 110　柿漆加工的物品 ························· 113

图 111　千代纸 ······························· 114

图 112　千代纸 ······························· 115

图 113　墨流工艺纸 ··························· 116

图114　使用墨流纸而书写的书法作品（溥心畬作品）············ 117

图115　唐纸 ·· 118

图116　型纸染色 ··· 119

图117　纱型 ·· 119

图118　唐纸 ·· 120

图119　友禅纹样纸 ·· 121

图120　金唐革纸 ·· 122

图121　拓纸 ·· 124

图122　茹根染色拓纸 ··· 126

图123　柳絮笺 ·· 127

图124　狮子毛 ·· 128

图125　做狮子毛效果的模具局部 ···································· 128

图126　使用木齿的涂布效果 ·· 129

图127　使用蜡的涂布效果 ··· 130

图128　砑纹处理 ··· 131

图129　（左）布纹纸与绢纹纸（右） ······························ 132

图130　复杂的扎染工艺 ·· 133

图131　使用白纸直接进行扎染 ······································· 135

图 132　夹染 ·· 136

图 133　柳枝扎染 ·· 137

图 134　杉木薄片贴在和纸上做成的杉木纹纸 ··········· 138

图 135　柿漆涂布后加工成揉纸 ······························· 142

图 136　折染 ·· 143

图 137　折染 ·· 144

图 138　加入树叶抄制的落水纸 ······························· 146

图 139　加入竹叶抄制的和纸 ···································· 148

图 140　海苔纸 ·· 149

图 141　加入染色纸抄制的和纸 ······························· 149

图 142　加入荞麦壳的和纸 ·· 149

图 143　加入动物标本的和纸 ···································· 150

图 144　加入合成纤维的和纸 ···································· 151

图 145　撕破与剪贴 ··· 152

图 146　剪贴画 ·· 154

图 147　捻纸艺术品 ··· 155

图 148、图 149　使用水引制作的信封装饰 ··············· 155

图 150　使用烧纸工艺制作的纸灯 ····························· 156

图 151　撕画：墨斗鱼 …………………………………………… 157

图 152　撕画：樱日暮色 …………………………………………… 158

图 153　纸质装饰灯 …………………………………………… 159

图 154　放风筝的美人 / 矶田胡龙斋画 ………………………… 161

图 155　暖炉二美人 / 铃木春信画 ……………………………… 162

图 156　染色纸 …………………………………………………… 164

图 157　染色纸 …………………………………………………… 165

图 158　折染的石州和纸 ………………………………………… 166

图 159　美浓和纸 ………………………………………………… 168

图 160　美浓和纸 ………………………………………………… 170